Printed in the United States
By Bookmasters

معجم
المصطلحات والمفاهيم
الجغرافية

معجم
المصطلحات والمفاهيم
الجغرافية

إبراهيم موسى الزقرطي   هاني عبدالرحيم العزيزي

2007

الطبعة الأولى
1428هـ - 2007

المملكة الأردنية الهاشمية

رقم الإيداع لدى دائرة المكتبة الوطنية (2007/4/886)
رقم الإجازة المتسلسل لدى دائرة المطبوعات والنشر (2007/4/938)

Dar Majdalawi Pub.& Dis.
Telefax: 5349497 - 5349499
P.O.Box: 1758 Code 11941
Amman- Jordan
www.majdalawibooks.com
E -mail: customer@majdalawibooks.com

دار مجدلاوي للنشر والتوزيع
تليفاكس : ٥٣٤٩٤٩٧ – ٥٣٤٩٤٩٩
ص . ب ١٧٥٨ الرمز ١١٩٤١
عمان - الأردن

◄ الآراء الواردة في هذا الكتاب لا تعبر بالضرورة عن وجهة نظر الدار الناشرة

المحتويات

المقدمة

المعاجم الجغرافية (وغير الجغرافية) علم قائم بذاته، له أسسه وقواعده، وتحددت أهدافه ووضع منهجه، وبانت معالمه وإستقامت طرقه، وإن بقي بعض التباين والاختلاف بين باحث وآخر، أو ثقافة وأخرى.

والمعاجم الجغرافية (وغير الجغرافية) لا غنى عنها للدارس والباحث والمعلم والطالب الجامعي وغير الجامعي، بل هي ضرورية لكل بيت خاصة بعد الانتشار الهائل للتعليم، ووسائل الإعلام بأنواعها وضروبها المختلفة، المقروءة والمسموعة والمرئية، حيث يتم تداول المصطلحات والمفاهيم الجغرافية بشكل ثابت ومستمر، فالمعاجم الجغرافية جزء أساسي من العملية التعليمية والتثقيفية.

وتعمل المعاجم على توحيد المصطلحات والمفاهيم ضمن اللغة الواحدة والثقافة الواحدة، وتعمل على استقرارها وشيوعها، وتُضيّق الفجوة وتحد من التباين والاختلاف. ونذكر في هذا المجال الجهود العظيمة لمجامع اللغة العربية، والأساتذة الأجلاء الذين عملوا في هذا المجال.

ومن أجل إصدار هذا المعجم بصورة مميزة حرصنا على أمرين: أولهما الاطلاع قدر جهدنا على المصادر والمراجع العربية وغير العربية، والكتب ذات العلاقة المتخصصة وغير المتخصصة، بما فيها الكتب العلمية البحتة والمعاجم، والكتب الجامعية والمدرسية التي توفرت بين أيدينا وتسنى لنا الحصول عليها، وإن كنّا نود لو توفر لنا المزيد منها خاصة الكتب التي تدرس في الجامعات والمدارس.

وثانيهما: اتباع منهجية موحدة في تناول وتحديد العناوين قدر الإمكان حيث:

1- أُستخدم الترتيب الألف بائي للمصطلحات والمفاهيم كما هي متداولة.

2- المصطلحات والمفاهيم التي تتكون من كلمتين أو أكثر، اعتمد الاسم الدال على المصطلح وليس صفته أو نوعه بالنسبة للبحار والمحيطات والأنهار والجبال، أي أن جبال الأطلس سترد في حرف الألف، والمحيط الهادي في حرف الهاء وهكذا.

3- أُعتمد ما ورد في المراجع المختصة أو الأحدث أو التي اتفق معظمها بالنسبة لأرقام المسافات والمساحات والأحجام...الخ.

4- يوجد اختلاف محدود بين دول المشرق والمغرب العربي في إيراد كلمات لنفس المصطلحات والمفاهيم مع أن المقصود منها واحد، مثلاً: يستخدم في دول المشرق كلمات زراعة، نسمة، مياه ...الخ، في حين يستخدم في دول المغرب فلاحة، ساكن، هيدروغرافيا... بنفس المعنى...وهي محدودة جداً.. ولن تخفى على القارئ.

5- شمل المعجم مصطلحات ومفاهيم جغرافية، وأيضاً ألفاظا ليست مصطلحات ومفاهيم بالمعنى الدقيق، مثل: أسماء بعض الأجهزة والظواهر الجغرافية الطبيعية، كما أن بعضها متداول وعام بين الجميع، ولكن قد يكون لها معنى ومفهوماً خاصاً لدى الجغرافيين، كما تضمن بعض المصطلحات والمفاهيم لعلوم أخرى كالجيولوجيا والبيئة والفلك والاقتصاد وغيرها، والتي لها علاقة مباشرة أو غير مباشرة بعلم الجغرافيا، وذلك لأن إضافتها قد تكون ضرورية أو لتعميم الفائدة.

6- زود المعجم ببعض الأشكال التي رأينا أنها ضرورية لتوضيح مفهوم بعض المصطلحات والمفاهيم، وأفردت في آخر المعجم وأُشير في المتن إلى رقم الشكل عند المصطلح. علماً بأن مقتضيات الإخراج والطباعة أدت إلى عدم ورود الأشكال في المتن بتوافق مع تسلسلها في الملحق.

وتعميما للفائدة تضمن المعجم جداول لدول العالم مبينا بها: المساحة وعدد السكان والعاصمة والعملة والدخل القومي للفرد. كما تضمن معلومات جغرافية تشمل أعظم الأنهار من حيث الطول ومساحة حوض ومعدل التصريف، وأعلى وأدنى درجة حرارة سجلت في القارات وأوسع البحار...الخ.

وبعد لا يخلو كتاب من نقائض من حيث الكم والكيف، وأن الملاحظات ما يعرف بالتغذية الراجعة خير معين على ضبط الأمور وإصلاح الخلل، وسد النواقص، ومن ثم نهيب ونرجو أن لا يبخل علينا قارئ وباحث ومطلع على هذا المعجم بملاحظاته وتوجيهاته وذلك بالكتابة إلى دار النشر، ونحن له من الشاكرين، وسنأخذ بها إن شاء الله في طبعات قادمة.

المؤلفان

حرف الألف

إبصار (رؤية) مُجسّم

القدرة على رؤية الأبعاد الثلاثية للظواهر من الصور الجوية بواسطة جهاز ستيريوسكوب (المجسّم) (انظر ستيريوسكوب) ولا يتحقق الإبصار المجسم إلا إذا كانت العينان سليمتين. (شكل 47).

أبعاد ثلاثية

طول وعرض وارتفاع الظاهرة البارزة أو الغائرة، ولها علاقة بالرؤية المجسّمة أي رؤية الظاهرة كما هي في الواقع.

اتصالات

الاتصال أو التواصل المباشر وغير المباشر بين الأفراد والهيئات...الخ، وتشمل القطاع السلكي واللاسلكي وتتمثل بالهاتف الثابت (الأرضي) والخلوي (المتنقل)، والاتصال اللاسلكي المباشر (دون استعمال أرقام هاتفية)، والنداء الآلي، والشبكة العنكبوتية (الإنترنت)، والفاكس (الناسوخ) والتلكس.

اتموسفير انظر غلاف جوي.

أجرام سماوية (جرم سماوي)

كل ما يوجد في السماء من كواكب ونجوم، كالشمس والقمر والكواكب والنجوم كافة.

احتياط بترول

كمية البترول الموجودة في باطن الأرض، واحتياط البترول المؤكد هو الكمية المعروفة والمقدرة المؤكدة، والمرجح: المقدرة غير المؤكدة. واحتياط البترول الاستراتيجي هو البترول الموجود في باطن الأرض والمستكشف والمعروفة كميته وجاهز للاستخراج ولكنه يترك في مكانه لاستخدامه عند الضرورة الملحة، عند انقطاع في تدفق البترول للدولة كوقوع حرب أو كوارث طبيعية...الخ.

إحداثيات جغرافية

الأرقام (الإحداثيات) التي تحدد موقع ما على الكرة الأرضية وفق خطوط الطول ودوائر العرض بالدرجات والدقائق والثواني (انظر خط طول، ودائرة عرض).

إحصاءات حيوية

تشمل الإحصاءات الحيوية تسجيل المواليد والوفيات وحالات الزواج والطلاق. ويمكن الاستفادة من هذه السجلات في معرفة النمو السكاني والخصوبة...الخ. وتتوفر الإحصاءات الحيوية لدى الدول المتقدمة، وتنخفض دقتها في الدول النامية.

اختلال حضري

النمو السكاني الهائل (الكبير جداً) في المدينة (أو المدن الرئيسة) في الدولة، وخير مثال عليه النمو السكاني في بعض العواصم العربية التي تضم 20-30% من عدد سكان الدولة كما في عمّان، والقاهرة، ودمشق...الخ.

أخدود (غور)

وادي تكون نتيجة هبوط الأرض بين انكسارين متوازيين تقريباً، وهو طويل جداً نسبة إلى عرضه، وجوانبه شديدة الانحدار، وأشهر مثال عليه "الأخدود الآسيوي الإفريقي العظيم" (انظر الانهدام الآسيوي الإفريقي العظيم). أعظم أخدود على وجه الأرض، وهناك أخدود الراين ووسط اسكتلندا، ويسمى الأخدود أحياناً الوادي الانكساري أو حفرة الانهدام أو الغور، ويطلق على الأخاديد البحرية خوانق بحرية (انظر خانق بحري). (شكل 7، شكل35).

إخلال بيئي

اضطراب يحدث في البيئة يؤدي إلى خلل في توازنها البيئي، ينتج عنه انقراض (أو نقص) نوع أو أكثر من مكوناتها الحيوية النباتية والحيوانية، وسيادة أنواع منها، ويعود ذلك إلى تدخل الإنسان، مثل: قطع الغابات والرعي الجائر وحراثة المناطق الهامشية، أو لأسباب طبيعية كتغير المناخ وحرائق الغابات (طبيعية وبشرية) والكوارث الطبيعية.

إدارة أزمات

إجراءات طوارئ تتخذها الدولة لمواجهة الأزمات سواء أكانت طبيعية مثل الزلازل والفيضان والأعاصير المدمرة وحرائق الغابات الواسعة، أم بشرية مثل الأزمات الاقتصادية أو التلوث أو الأوبئة...الخ.

أرخبيل

مجموعة من الجزر المتقاربة والمتجاورة. والمصطلح في الأصل كان يطلق على خليج رئيس أو بحر رئيس مثل بحر ايجة ثم أطلق على البحر المليء بالجزر، ثم على الجزر نفسها. (شكل 52).

إرساب

تراكم المفتتات والمواد الصلبة من غبار وتراب ورمال وحصى ـ وغيرها التي جلبتها المياه الجارية أو الرياح أو الجليد أو البحار من مناطق بعيدة من القشرة الأرضية، ويتم الإرساب عند بدء انخفاض سرعة الحركة حيث ترسب المواد الأكثر وزناً فالأقل وآخرها ذرات التراب والغبار، والإرساب أحد أهم عاملين في تشكيل سطح الأرض (العامل الآخر: التعرية). (شكل 19).

أرصاد جوية

العلم الذي يدرس الظواهر الجوية وطبيعتها في الغلاف الجوي (الغازي)، وتشمل جميع خصائص الهواء التي يمكن قياسها أو رصدها إضافة إلى بعض الخصائص التي يمكن تقديرها أو وصفها بدقة. كدرجات الحرارة والرطوبة والرياح والأمطار والسحب والتبخر والإشعاع الشمسي والضغط الجوي. (شكل 6).

الأرض

الكوكب الثالث في المجموعة الشمسية، وتبعد عن الشمس 149.6 مليون كيلو متر، وتستغرق 365 يوماً و 6.15 ساعة في الدوران حول الشمس. وقطرها 12,756 كم عند خط الاستواء و 12,714 كم عند القطبين ولها قمر واحد.

أرض زراعية

أرض صالحة للزراعة ومستغلة لإنتاج المحاصيل والخضر ـ والثمار، وقد تكون غير مستغلة مؤقتاً (بور).

أرض قابلة للزراعة

أرض صالحة للزراعة ولكنها لا تستغل في ذلك لسبب أو أسباب ما، مثل: نقص مياه الري، أو عدم كفاية الأمطار، أو عدم توفر الأيدي العاملة.

استبس (استب، سهوب)

المعنى الخاص لهذا المصطلح: مناطق الأعشاب المعتدلة في السهول الداخلية من أوراسيا، ثم أصبح يطلق على المناطق ذات الأعشاب القصيرة الخالية من الأشجار تماماً التي توجد في المناطق المعتدلة في العروض الوسطى في شمال وجنوب الكرة الأرضية. (شكل1 وشكل 31).

استثمار

استخدام الأموال في الإنتاج الصناعي أو الزراعي أو البناء وغيرها بطريقة مباشرة بشراء الآلات والأدوات والمواد الأولية واللازمة، أو بطريقة غير مباشرة بشراء الأسهم والسندات. ويسمى محلياً إذا كانت الأموال من مواطني الدولة، وخارجياً إذا كانت من غير مواطنيها.

إستراتيجية

علم وفن تطوير وتجنيد واستخدام إمكانات الدولة الاقتصادية والسكانية والعسكرية والسياسية للوصول إلى تحقيق الأهداف المرسومة.

أستراليا (قارة)

أصغر القارات مساحة، إذ تبلغ مساحتها نحو 8 مليون كم^2 ، وتمثل 5.4% من مساحة اليابسة. واسمها من لفظ يوناني يعني الجنوب، أو من لفظ لاتيني بنفس المعنى بعد إضافة المقطع يا الذي يعني بلاد. وتقع إلى الجنوب الشرقي من قارة آسيا وفي الجنوب الغربي من المحيط الهادي. (انظر أوقيانوسيا).

استراليشيا

مصطلح واسع يقصد به الجزر الواقعة في القسم الجنوبي من المحيط الهادي، منها أستراليا ونيوزيلاندا والجزر الأخرى المجاورة.

استشعار (كشف) عن بعد

المعنى العام للمصطلح قياس (أو معرفة) خاصية ما لجسم أو ظاهرة بوساطة أداة ليست على تماس مباشر بالجسم أو الظاهرة قيد الدراسة، سواء أكانت هذه الأداة موجودة على طائرة أو قمر اصطناعي أو بالون أو سفينة، والمعنى الخاص الآن انحصر في استخدام مجسات مركّبة على الأقمار الاصطناعية لجمع معلومات دقيقة عن مساحات واسعة من الأرض والجو أو الظواهر الطبيعية والبشرية، ويمكن لها تسجيل الإشعاع الكهرومغناطيسي المنبعث من الأجسام ليلاً ونهاراً على شكل أرقام، ثم يتم تحويلها إلى مرئيات مصورة بوساطة الحاسوب. وتستخدم هذه التقنية في جميع المجالات كصناعة الخرائط ورصد التلوث والأرصاد الجوية...الخ.

استهلاك محلي

المواد الأولية ونصف المصنعة والمصنعة بأنواعها المختلفة التي يتم استهلاكها داخل الدولة أو الإقليم، سواء أكانت من إنتاج محلي أم مستورد.

استوائي (إقليم)

يمتد هذا الإقليم حول خط الاستواء بين دائرتي عرض 5° شمالاً و5^{o} جنوباً، ويتمثل في قارة آسيا في جنوبها الشرقي (الملايو وإندونيسيا)، وفي وسط أفريقيا (حوض الكنغو وسواحل خليج غانا)، وحوض الأمازون في أمريكا الجنوبية، ويتميز بارتفاع درجة الحرارة طوال العام وقلة الفرق بين أعلى وأدنى درجة حرارة، وبالأمطار الغزيرة الدائمة والرطوبة المرتفعة، وأدى ذلك إلى نمو الغابات الكثيفة الدائمة الخضرة والنباتات المتسلقة وأنواع كثيرة من الحيوانات. هذا ويمتاز الإقليم الاستوائي بأنه منطقة ركود ورياح هادئة وخفيفة. (شكل 32).

أسـر نهـري

استيلاء أو استحواذ أو احتلال نهر (أو رافد) على المجرى الأعلى لنهر (أو رافد) آخر عـن طريق توسيع حوض تصريفه على حساب النهر المأسور، وتكون قدرة نحت النهر الأسر أكبر من قدرة النهر المأسور مما يجعل مجرى النهر الأول في مستوى أكثر انخفاضاً من مجرى النهر الثاني، وتسمى النقطة التي يحدث عندها الأسر " كوع الأسر ".

اسكندينافيا

شبه جزيـرة في شمـال غـرب أوروبـا تضـم دولتـي السـويد والنرويج، ويشـمل البـعض التسمية الدنمارك أيضاً وأيسلندا أحياناً. وتعني كلمة اسكندنافيا " بلاد الجزر الجيدة ".

آسيـا

أكبر قارات الكرة الأرضية مساحة وأكثرها تنوعاً في مظاهر السطح والمناخ. وتمتد من العروض القطبية شمالاً إلى خط الاستواء جنوباً، ومن أوروبا غرباً إلى المحيط الهادي شرقا. وتبلغ مساحتها 44,500,000 كم^2 تعادل 29.8% من مساحة اليابسة. وقد أطلق الإغريق اسم آسيا على شرق اليونان أي آسيا الصغرى لأنها المنطقـة التـي تشرق الشمس بالنسـبة لهم. وقيل أن اسمها لفظ أكادي يعني " يشرق " وقيل: إن اسم مملكة قديمة في آسيا الصغرى، وقيل أيضاً: أنها من لفظ بالسنسكريتية يعني أرض الفجر.

أشجار مثمـرة

الأشجار التي تزرع من أجل ثمارها، مثـل: الزيتـون، الكـروم، اللوزيـات، الحمضيات، الفواكه الأخرى...الخ.

إشعـاع شمسـي

الطاقة المشعة من الشمس التي تستقبلها الأرض أو الكواكب الأخرى، وتتفاوت هـذه الطاقة من مكان إلى آخر على سطح الأرض، حسب مواجهة المكان لأشعة الشمس وشفافية (صفاء) الجو وموقع الأرض بالنسبة للشمس، وزاوية سقوط الأشعة..الخ، ويبلغ الإشعاع الشمسي أقصاه عند خط الاستواء ثم يقل تدريجياً نحو

القطبين، وتقسم أشعة الشمس إلى أشعة ضوئية وتكّون نحو 37% من مجموع الإشعاع الشمسي، وأشعة حرارية وتكّون نحو 51% منه، وأشعة فوق البنفسجية وتكّون نحو 12%.

أشكال سطح الأرض

يتشكل سطح الأرض من يابس وماء، وتختلف مظاهر سطح الأرض من مكان لآخر سواء في اليابس أم الماء، فمن هذه الأشكال: الجبال والهضاب والتلال والسهول والأودية، ويعود هذا التنوع إلى عوامل باطنية داخل الأرض كحركات الرفع والهبوط والبراكين والزلازل، وعوامل خارجية كالتعرية والإرساب والتجوية...الخ، ويسمى العلم الذي يدرس أشكال سطح الأرض " جيومورفولوجيا ".(شكل 52).

اصطلاحات خارطة

الأشكال والألوان والظلال والرموز والخطوط التي تستخدم في الخرائط للتعبير عن ظاهرات محددة في الخارطة، وتوضع هذه الاصطلاحات في أحد أركان الخارطة للاستدلال بها على الظواهر التي تمثلها. وتسمى مفتاح الخارطة.

إضاءة حقيقية (شدة إضاءة حقيقية)

كمية الطاقة الضوئية التي تشع من وحدة المساحة من سطح النجم في الثانية الواحدة.

إضاءة ظاهرية (شدة إضاءة ظاهرية)

مقدار الطاقة الإشعاعية التي تصل من النجم إلى وحدة المساحة في موقع معين في وحدة الزمن، وتتحدد هذه الشدة على بعد النجم وتتناسب الشدة عكسيا مع مربع بعد النجم، وعلى شدة إضاءة النجم الحقيقية، وتتناسب طردياً مع شدة الإضاءة الحقيقية.

اضطراب جوي

ما يحدث في الغلاف الجوي القريب من سطح الأرض نتيجة لاتصال الهواء المداري الحار بالهواء القطبي البارد، وذلك في المناطق المعتدلة من الكرة الأرضية (انظر إعصار) لاختلاف تسخين الهواء من منطقة وأخرى.

الأطلس

مجموعة من الخرائط أو الصور الفضائية أو الصور الجوية أو الأشكال البيانية وغيرها أو أكثر من نوع منها يضمها مجلد، وسمى بذلك نسبة إلى أطلس الإله الخرافي الذي زعم القدماء أنه يحمل الأرض على كتفيه، وقيل أن أول من استخدم هذا اللفظ " مركيتور" على غلاف مجموعة خرائط عام 1595م.

أطلس (جبال)

تقع في شمال غرب أفريقيا، وهي مجموعة من السلاسل الجبلية غير المنتظمة، وتمتد ما بين سواحل المحيط الأطلسي في المغرب غرباً إلى رأس الطيب (البحر المتوسط) في تونس شرقاً، مروراً بالجزائر، وسواحل البحر المتوسط شمالاً، والصحراء الكبرى جنوبا، وطولها 2400 كم، وأعلى قممها جبل طوبقال وارتفاعه 4167 متراً، ويقع في المملكة المغربية وهو أعلى جبل في الوطن العربي.

الأطلسي (محيط)

قيل: أنه يحمل اسم القارة الجزيرة الأسطورية اتلانتس، وقيل: نسبة إلى جبال أطلس في شمال غرب أفريقيا، وهو مساحة مائية شاسعة تمتد بين أوروبا وأفريقيا شرقاً والأمريكتين غرباً، وبين القطب الشمالي شمالاً وحتى نحو خط عرض 70° جنوباً ويقسم خط الاستواء هذا المحيط إلى المحيط الأطلسي- الشمالي والمحيط الأطلسي- الجنوبي. تبلغ مساحة المحيط الأطلسي نحو 82مليون كم^2، ومعدل عمقه نحو 3000متر، ويبلغ عمقه 9220 متراً في خانق بورتوريكو، ومن البحار المتصلة به بحر الشمال والبحر المتوسط والبحر الكاريبي.

أعاصير المناطق المعتدلة

يطلق عليها عادة اصطلاح " منخفضات جوية"، وتحدث في العروض المعتدلة نتيجة لالتقاء الهواء البارد القادم من المنطقة القطبية بالهواء الحار القادم من المنطقة المدارية، وقلما تزيد فيها سرعة دوران الرياح عن 20 كم/الساعة، وغالباً ما تغطي مساحات واسعة تصل إلى 2000 كم² أو أكثر، وتتحرك هذه الأعاصير بسرعة تتراوح من 30-50كم/الساعة ويصاحبها تكون السحب وحدوث التساقط (الأمطار أو الثلوج)، وحركة الرياح بها حول المركز بعكس عقارب الساعة في نصف الكرة الشمالي، ومع عقارب الساعة في النصف الجنوبي. (شكل 25).

إعالـــة

إنفاق العاملين على غير العاملين، ويطلق على العاملين " معيلون " وعلى غير العاملين " معالون " ويحسب المعدل بنسبة، مثل 1:4 أي أن واحدا يعمل يعيل نفسه وثلاثة آخرين أي أن نسبة العاملين من السكان 25%، وغير العاملين 75%.

$$\text{نسبة إعالة الصغار} = \frac{\text{عدد السكان دون 15 سنة}}{\text{عدد السكان (15-59سنة)}} \times 1000$$

$$\text{نسبة إعالة الكبار} = \frac{\text{عدد السكان 60 سنة فأكثر}}{\text{عدد السكان (15-59سنة)}} \times 1000$$

$$\text{نسبة الإعالة الكلية} = \frac{\text{عدد السكان دون 15+عدد السكان 60 سنة فأكثر}}{\text{عدد السكان (15-59سنة)}} \times 1000$$

$$\text{نسبة الإعالة الحقيقية} = \frac{\text{عدد السكان المعالين (كل السكان غير العاملين)}}{\text{عدد السكان العاملين}} \times 1000$$

الاعتدالان

الوقت الذي تكون فيه الشمس عمودية على خط الاستواء عند الظهر (وتسامت به الشمس خط الاستواء)، ويحدث أحدهما في 21 آذار وسمي الاعتدال الربيعي، والآخر في 22 أيلول ويسمى الاعتدال الخريفي (انظر الاعتدال الربيعي والخريفي).

اعتدال خريفي

الوقت الذي تكون فيه الشمس عمودية على خط الاستواء عند الظهر (تسامت به الشمس خط الاستواء) وذلك يوم 22 أيلول (سبتمبر)، وفيه يتساوى الليل والنهار في جميع المناطق على سطح الأرض وسمي خريفي نسبة إلى بداية الخريف فلكيا في نصف الكرة الشمالي. (وهو بداية الربيع فلكياً في نصف الكرة الجنوبي). (شكل 36).

اعتدال ربيعي

الوقت الذي تكون فيه الشمس عمودية على خط الاستواء عند الظهر (تسامت به الشمس خط الاستواء)، وذلك يوم 21 آذار (مارس). وفي هذا اليوم يتساوى الليل والنهار في جميع المناطق على سطح الأرض. وسمي ربيعي نسبة إلى بداية الربيع (فلكيا) في نصف الكرة الشمالي (وهو بداية الخريف فلكيا في نصف الكرة الجنوبي). (شكل 36).

أعشاب

جميع أنواع النباتات غير الخشبية وتنمو في الجهات الأقل مطراً من مناطق نمو الأشجار، ومنها السافانا والبراري والاستبس. (شكل1، شكل 2).

إعصار

منطقة ضغط جوي منخفض تدور الرياح فيه حول المركز في شبه دائرة، باتجاه عقارب الساعة في نصف الكرة الجنوبي وعكس إتجاه عقارب الساعة في نصف الكرة الشمالي، وتتحرك الأعاصير بوجه عام من الغرب إلى الشرق، وتتكون الأعاصير في العروض المعتدلة وتسمى" انخفاض جوي " وفي المناطق المدارية ويطلق عليها "إعصار مداري ".

إعصار مداري

منخفض جوي صغير نسبياً ولكنه عنيف جداً، يتكون في الأقاليم المدارية في نطاق الرياح التجارية في نصف الكرة الشمالي والنصف الجنوبي، ومن ثم كانت معظم المناطق التي تتأثر به الجوانب الغربية من المحيطات، وهي عواصف مدمرة نظراً لأن هذه المنخفضات شديدة العمق ومن ثم شديدة السرعة، إذا تصل سرعة الرياح بها إلى 120 كم/الساعة أحياناً، ومركز (عين) الإعصار يتصف بالهدوء عادة ويخلو من السحب ونصف قطره 8-40 كم، ويصاحبها أمطار غزيرة وبرق ورعد وينتج عنها دمار كبير، وتدور الرياح حول المركز باتجاه عقارب الساعة في نصف الكرة الجنوبي، وعكس عقارب الساعة في نصف الكرة الشمالي، ويطلق عليها أسماء عدة: "الهريكين" في البحر الكاريبي، " التيفون " في بحر الصين وحول جزر الفلبين، " ويلي ويلي" في استراليا.

أغلبية سكانية

الأكثرية السكانية في دولة أو إقليم، سواء من حيث العرق أو الدين وما نحو ذلك.

إفريقيا

ثاني أكبر قارات العالم ويمر بوسطها خط الاستواء ومن ثم تمتد ضمن نصفي الكرة الشمالي والجنوبي، وشكلها العام يشبه المثلث رأسه في الجنوب وقاعدته في الشمال، ومساحتها نحو 30,302,000 كم^2، تعادل 20.3% من مساحة اليابسة، وتتنوع بها البيئة النباتية من غابات استوائية كثيفة إلى صحاري جرداء واسعة. ويعتقد أن اسمها مشتق من كلمة فنيقية تعود إلى اسم قبيلة سكنت قرب قرطاج القديمة (في تونس الحالية)، ويقال: أن الاسم عربي الأصل مصدره كلمة عفير "أي مغبر"، ورأي آخر يقول: أنها كلمة لاتينية تعني "مشمس"، ورأي آخر يقول: أنها من أصل يوناني يعني " برد ".

أفق تربة

طبقة تربة تختلف عن غيرها من حيث: النسيج (تركيب التربة من حيث حجم الذرات التي تتألف منها) المكونات، اللون...الخ. وتقسم التربة عادة إلى

ثلاثة آفاق، قد تكون موجودة معا في منطقة ما، وتخلو من أحدهما في منطقة أخرى حسب الكيفية التي تكونت بها التربة. (الشكل 39) وهذه الآفاق هي:

1- الأفق "أ"

الطبقة العلوية من التربة، وتسمى أيضاً "طبقة الاستخلاص" ولونها داكن (قاتم) لوجود المواد العضوية المتحللة بها (الدبال)، وتتكون غالباً من الصلصال والرمال، ويتراوح سمكها من بضعة ملمترات إلى متر واحد حسب تعرضها للتعرية والإرساب، ويتعرض الجزء الأسفل منها لعملية الغسل.

2- الأفق "ب"

الطبقة التي تلي أو أسفل الأفق "أ"، وتسمى أيضاً "طبقة الاستقبال" لأنها تستقبل المواد المتسربة من الأفق "أ" كما يعرف بنطاق التراكم. وهو افتح لونا من الأفق "أ" وأقل غنى بالمواد العضوية (الدبال) وأكثر تماسكاً.

3- الأفق "ج"

الطبقة السفلى من التربة، وتتكون عادة من الحجارة المفككة الخشنة من الصخر الأم الموجود تحتها.

اقتران

1- قرب ظاهري لجرمين سماويين أحدهما إلى الآخر.
2- وقوع جرمين سماويين أو أكثر باتجاه واحد (على خط مستقيم تقريباً) إذا نظر إليهما من الأرض، وأكثر استعمال لهذا المصطلح للقمر عندما يكون على خط مستقيم مع الأرض والشمس، وعندها يكون القمر بدراً أو في المحاق.

أقدار النجوم

ترتيب النجوم حسب شدة إضاءتها، إذ تحتل النجوم الأكثر إضاءة المرتبة الأولى، والتي تليها في شدة الإضاءة المرتبة الثانية وهكذا، وأول من وضع هذا الترتيب الفلكي اليوناني هيبارخوس (القرن الثاني قبل الميلاد) وكان سلم الترتيب

الذي وضعه ينتهي بالرقم 6 (النجم الخافت جدا)، إلا أن توالي رؤية عدد أكبر من النجوم بفعل الأجهزة الحديثة أدى إلى توسع سلم الترتيب.

أقلية سكانية

مجموعة من سكان الدولة ينتمون (يعودون) إلى أصول عرقية (اثنية) أو قومية أو لغوية مختلفة عن الأصل العرقي أو القومي أو اللغوي لمعظم وغالبية سكان الدولة.

إقليم

منطقة من سطح الأرض تتميز عن غيرها بظاهرة أو ظاهرات أو خصائص طبيعية أو بشرية (حضارية) أو وظيفية، ومن ثم توصف بأقاليم: طبيعية، أو سياسية، أو نباتية، أو اقتصادية أو غير ذلك. (شكل 31، شكل 32).

إقليم جغرافي

منطقة أو وحدة مكانية تتشابه وتتجانس بها الظواهر الجغرافية (طبيعية وبشرية) المختلفة بصورة طبيعية.

إقليم زراعي

منطقة تتشابه بها الظروف الزراعية وتنفرد بما يزرع بها من نباتات عما يجاورها من مناطق كإقليم القمح (نطاق القمح)، وإقليم الذرة...الخ.

إقليم صناعي

منطقة يتركز نشاطها الاقتصادي في نوع أو أكثر من الصناعة، إذ تتركز الصناعة في مناطق وجود الخامات اللازمة لها أو الأسواق والأيدي العاملة...الخ، وكما يقال الصناعة تجر الصناعة، ومن الأقاليم الصناعية في العالم إقليم شرق وشمال شرق الولايات المتحدة، وجنوب شرق كندا، ووسط بريطانيا، وحوض الراين في أوروبا، وجنوب اليابان، وشرق الصين.

إقليم مناخي

منطقة لها خصائص مناخية تميزها عما يجاورها، ويوجد عدة تصانيف للأقاليم المناخية، مثل: تصنيف كوبن، ثورنثويت، ملر، تريوارتا، دي مارتن...الخ، وجميعها تتفق على أربعة أقاليم رئيسة، هي: المداري، دون المداري، المعتدل، القطبي، ويقسم كل منها إلى أقاليم فرعية والاختلاف بين هذه الأقاليم في الأقسام الفرعية من حيث تحديد حدود رقمية لدرجات الحرارة وكميات الأمطار في كل منها. (شكل 31).

اكتفاء ذاتي

المعنى العام للمصطلح إنتاج الدولة حاجتها من السلع والخدمات (أو بعضها) ضمن إمكاناتها الذاتية ما يكفي للاستهلاك المحلي لسكانها، ومن ثم يوجد اكتفاء ذاتي غذائي، طاقة، خامات، مواد مصنعة..الخ.

أكسدة / تأكسد

اتحاد الأكسجين الذائب في الماء مع معدن الحديد الموجود في كثير من الصخور مكونا ثاني أكسيد الحديد (المعروف بصدأ الحديد)، وتساعد هذه العملية في تآكل وتفتيت الصخر مما يسهل عملية التجوية الكيميائية.

أكمة / تل صغير انظر تل.

ألاسكا (تيار)

تيار دافئ يتجه من الجنوب نحو الشمال وينحرف غربا مع امتداد سواحل ألاسكا، وهو من تيارات المحيط الهادي الشمالية

ألب (جبال)

تقع في أوروبا، وتتخذ شكل الهلال، وتمتد من خليج جنوا غربا إلى مدينة فيينا شرقا، مارة بجنوب شرق فرنسا وسويسرا وشمال إيطاليا ومعظم النمسا. وطولها 1120 كم وعرضها 30- 160 كم، ومساحتها 80,000 كم². وأعلى قممها: مون بلان (الجبل الأبيض) وارتفاعه 4809 أمتار، ويقع على الحدود الفرنسية الإيطالية

22

التـواء / طيّـة

طية أو ثنية تحدث في الصخور الرسوبية في القشرة الأرضية نتيجة لتعرضها لضغوط جانبية شديدة، مما يجعلها تنثني في سلسلة من الالتواءات إذا كان الضغط ضعيفاً نسبياً، وإذا كان الضغط كبيراً (شديداً) فإن الالتواء يبرز إلى أعلى نحو القمة مما يزيد من انحدار الجوانب، وتأخذ الالتواءات أشكالاً متعددة حسب شدة الضغط والصخر وامتداده مثل: التواء بسيط، التواءات متشابهة، متناظرة، غير متناظرة، مقلوبة...الخ، وتؤدي الالتواءات إلى تكون الجبال والأودية...الخ. (شكل 34).

الأمـازون (نهـر)

يقع في أمريكا الجنوبية، ومعظمه في البرازيل، وتبدأ روافده أو تمر بكل من: فنزويلا، كولومبيا، بيرو، بوليفيا. ومن جبال الأنديز بالذات، ويصب في المحيط الأطلسي- وهو ثاني أنهار العالم من حيث الطول بعد النيل إذ يبلغ طوله 6430 كم وأول نهر في العالم من حيث كمية تصريف المياه (72 ألف متر مكعب/ في الثانية)، ومساحة حوضه 6.2 ملايين كيلومتر مربع، وأطوال النهر وروافده الصالحة للملاحة نحو 48,000 كم. وأما مجرى النهر نفسه فمنها 4230كم صالحة للملاحة. ويعني اسمه موجة كبيرة، وقيل: إن أمازون كلمة أطلقها الأسبان في القرن 16.

أمريكـا الجنوبيـة

رابع قارة من حيث المساحة، إذ تبلغ مساحتها 17,793,000 كم^2 تعادل 11.9% من مساحة اليابسة، وشكلها العام يشبه المثلث قاعدته في الشمال ورأسه في الجنوب، ويمر بالقسم الشمالي منها خط الاستواء وسواحلها قليلة التعاريج باستثناء سواحل دولة تشيلي في جنوبها الغربي، وتحمل هذه القارة إضافة لقارة أمريكا الشمالية اسم المكتشف الإيطالي أمريكو فوسبوتشي- وأسماها "العالم الجديد" رغم أن المكتشف الأول للأمريكتين هو كولومبس.

أمريكا الشمالية والوسطى

ثالث قارة من حيث المساحة، إذ تبلغ مساحتها 24,241,000 كم ^{2} تعادل 16.2% من مساحة اليابسة، وتمتد من العروض المدارية حتى القطب الشمالي تقريباً. وشكلها العام يشبه المثلث قاعدته في الشمال ورأسه في الجنوب، وسواحلها كثيرة التعاريج وتحمل أمريكا الشمالية والجنوبية اسم المكتشف الإيطالي أمريكو فوسبوتشي- رغم أن المكتشف الأول لها هو كولومبس.

أمريكا اللاتينية

مصطلح يطلق على أمريكا الجنوبية والوسطى بما فيها المكسيك، وجزر الهند الغربية. وذلك لأن اللغة الرسمية في دولها هي الإسبانية والبرتغالية، وهما مشتقتان من اللغة اللاتينية.

أمطــار

قطرات الماء الساقطة إلى الأرض والمتكونة من تكثف بخار الماء في السحب والغيوم عندما يصبح الهواء غير قادر على حمل هذه القطرات، ويختلف حجم هذه القطرات ليصل من 0.5-5 ملم، وتهبط بسرعة تزيد عادة عن 3م/ثانية، وأنواع الأمطار الرئيسة:

1- **المطر التضاريسي-:** يحدث نتيجة اصطدام الهواء الرطب بالمرتفعات فيبرد ويتكثف البخار ويسقط أمطارا.

2- **المطر الإعصاري:** ويصاحب المنخفضات الجوية.

3- **المطر التصاعدي:** يحدث نتيجة ارتفاع الهواء الرطب إلى الأعلى نتيجة للحرارة الشديدة ثم يتكثف بخار الماء، وتتميز بهذا النوع من المطر الأقاليم الاستوائية. (شكل 26).

أمن طاقة

إنتاج الدولة أو حصولها على مصادر الطاقة اللازمة لديمومة استهلاكها والمحافظة عليها من الاعتداء، سواء أكانت من النفط أو الغاز الطبيعي، أو الطاقة الكهربائية أو الشمسية أو النووية وغيرها. ومن أمن الطاقة ترشيد الاستهلاك.

أمـن غذائـي

قدرة الدولة أو مجموعة الدول المرتبطة ضمن تنظيم أو إطار معين (كالاتحاد الأوروبي، السوق المشتركة) على إنتاج الغذاء ذاتياً بصورة كاملة تقريباً، دون التأثر بالعوامل والمخاطر الخارجية. والأمن الغذائي لأفراد الدولة: توفير الغذاء الأساسي لكل فرد فيها في كافة الأوقات والظروف ومهما تزايد عدد السكان بحيث تبقى حالة التوازن بين السكان والغذاء، ويكون ذلك من حيث الكم أي توفير الحد الأدنى من السعرات اللازمة للفرد يومياً وهي أكثر من 2500 سعر، ومن حيث النوع أي أن يكون الغذاء متوازنا بحيث يشمل السكريات والبروتينات الحيوانية والدهنيات والأملاح والفيتامينات.

أمـن قومي / وطني

حماية الدولة نفسها للمحافظة على كيانها ومصالحها من كافة أنواع وأشكال العدوان الخارجية بما في ذلك التجسس والتخريب المعادي...وغيرها.

أمـن مائـي

توفير الكميات اللازمة للشرب لاستخدام المنازل والري والصناعة وضمان الحد الأدنى المطلوب لها بشكل منتظم. والمحافظة على الموارد المائية وحمايتها من الاعتداء والتلوث واستخدمها بالشكل الأمثل وترشيد استعمالاتها، خاصة وإن الماء المحرك الرئيس للاقتصاد، والأمن المائي العربي تعاون الدول العربية فيما بينها للحفاظ على مواردها المائية والتنسيق بين الدول التي تشترك في مصادر مائية سطحية أم جوفية.

إنتاجيـة

المردود الناتج عن الجهد المبذول في العمل المنتج، وتقاس الإنتاجية بنسبة الإنتاج الكلي إلى عدد ساعات العمل التي تنفق للحصول على ذلك الإنتاج. وزيادة إنتاجية الفرد تـتم عـن طريـق التـدريب والتأهيـل والحـوافز والإدارة الحديثة والأدوات والأسـاليب التكنولوجية الحديثة.

أنتاركتيكا / القارة القطبية الجنوبية

تقع في أقصى القسم الجنوبي من الكرة الأرضية جنوب الدائرة القطبية (دائرة عرض 66.5 درجة جنوبا)، ومساحتها 14,100,000 كم^2 تعادل 9.4% من مساحة اليابسة، ومن ثم تأتي في المرتبة الخامسة بين القارات من حيث المساحة، ويسود بها المناخ القطبي، ويغطيها الجليد والثلوج طول العام، وهي غير مأهولة بالسكان تقريباً فيما عدا بعض مراكز البحث العلمي. ويعني اسمها مقابل القطب، حيث يتألف اسمها من مقطع يوناني يعني مقابل ولكن مضافاً إلى كلمة أركتك أي القطب (يعني الشمال).

انتخاب سلاسة حيوانية

اختيار وإكثار سلالات حيوانية (أبقار أغنام، ماعز، طيور...الخ) ذات إنتاجية عالية وتتلائم مع البيئة (وقد توفر لها صناعياً).

انجراف التربة

انتقال التربة أو إزالتها من مواقعها أو مناطق تشكلها الأصلية إلى مناطق جديدة، بفعل عوامل متعددة، منها: الرياح، المياه الجارية، الجليد، ويتناسب مقدار انجراف التربة طردياً مع قوة هذه العوامل ومع درجة تفككها وضعف تماسكها، فكلما زاد تفككها زادت قابليتها للانجراف، وكذلك مع درجة انحدار السطح فكلما زاد الانحدار زاد الانجراف، ويتناسب عكسيا مع وفرة الغطاء النباتي فكلما زاد الغطاء النباتي كلما نقص الانجراف.

انحــدار

خروج أو ميل السطح عن المستوى الأفقي، أي أن أحد أطراف أو جوانب السطح أكثر ارتفاعاً من الآخر، مثل سفوح التلال والجبال. وتتفاوت شدة الانحدار من سطح إلى آخر حسب العوامل الطبيعية التي أثرت في نشأته وعملت على تشكيله فيما بعد.

اندفاع بركاني

المواد المنصهرة (اللابا أي اللافا) والصخور البازلتية التي تندفع (تخرج) من البركان، وتتخذ هذه الاندفاعات الشكل المخروطي على شكل تل أو جبل، أو

غطاءات واسعة إما من الحمم السائلة أو المقذوفات والمواد المتطايرة، وتدعى هذه الغطاءات الحرّات " جمع حرة ".

اندمان (بحر)

يقع في جنوب آسيا وضمن المحيط الهندي، بين جزر أندمان في الغرب وساحل تايلند الغربي وميانمار الغربي، وسواحل ميانمار في الشمال وجزيرة سومطرة (اندونيسيا) في الجنوب. ومساحته 797,700 كم^2.

انديز (جبال)

تقع في أمريكا الجنوبية، وتمتد على طول القسم الغربي منها، من أقصى الطرف الشمالي الغربي إلى أقصى الطرف الجنوبي، مارة بكل من الدول الآتية: فنزويلا، كولومبيا، أكوادور، بيرو، بوليفيا، تشيلي، الأرجنتين. ويبلغ طولها 6400 كم، وهي ضيقة ووعرة، وأعلى قممها جبل اكنكاغوا وارتفاعه 6962 مترا ويقع في القسم الغربي الأوسط من الأرجنتين. وجبال الأنديز غنية بالمعادن، مثل: الذهب، الفضة، النحاس، الحديد وغيرها.

انزلاق أرضي

من الحركات الأرضية التي تحدث في السفوح شديد الانحدار، ينتج عنها انهيار أو انهيال وانزلاق كتلة كبيرة من التراب والحصى والصخور نتيجة للتشبع بمياه الأمطار الساقطة، وقد تحدث بفعل الزلازل.

انسياب طيني

هي خليط من الماء (قد تصل النسبة إلى 60%) والتربة والمفتتات الصخرية المختلفة الأحجام، والتي تشبه الوحل (الطين) وهي من الحركات الأرضية السريعة التي تحدث غالباً في المناطق شديدة الانحدار في المناطق الجافة عقب سقوط الأمطار الغزيرة المفاجئة بعد انقطاع طويل، وتحدث أضراراً كثيرة عند حدوثها في المناطق المأهولة والمستغلة.

انفجار سكاني

تزايد السكان بدرجة كبيرة بسبب الزيادة الطبيعية (المواليـد - الوفيـات) والهجـرة، ويؤدي ذلك إلى ضغط على الموارد الاقتصادية والخدمات.

انقلاب حراري

ازدياد درجة الحرارة بالارتفاع عن سطح الأرض، وهذا عكس الحالة العادية أي تقـل فيها الحرارة بالارتفاع، ويحدث الانقلاب الحراري في الأودية والمنخفضات خصوصا في فصل الشتاء في الليالي الهادئة الصافية، إذ يـزداد فقدان الحـرارة بالإشـعاع الأرضي فيبرد الهـواء الملامس للسطح فيهبط إلى أسفل في الأودية والمنخفضـات ومـن ثم يكون الهـواء أبـرد في المناطق المنخفضة عن الموجود على المنحدرات. كما يحـدث الانقلاب الحـراري في مناطق ضد الإعصار (المرتفع الجوي) شتاء.

انكسار / صدع

صدع أو شق أو كسر يحدث في القشرة الأرضية يسبب تغيرا أفقياً أو رأسيا (وهـذا أكثر شيوعاً) في مستوى الطبقات على طول امتداده، وذلك نتيجة لتعرض قشرة الأرض إلى ضغوط جانبية شديدة. (شكل (35).

الانهدام الآسيوي الإفريقي / الأخدود الافرواسيوي العظيم

مجموعة صدوع تشكل أكبر أخدود في العالم، إذ يبلـغ طولـه نحو 7200 كم منهـا 5600 كم في أفريقيا، ويمتد من شمال بلاد الشام مروراً بوادي الأردن والبحـر الأحمـر حتى هضبة البحيرات الأفريقية، حيث يتفرع في شرق أفريقيا إلى فـرعين: شرق وغـرب، وبـذلك يشمل معظم شرق أفريقيا وجنوب غرب آسيا، ويتراوح منسوب سطحه مـن 416 م تحت مستوى سطح البحر عند البحـر الميـت إلى 4870 م فـوق مسـتوى سطح البحر في جبـال رونزوري، ويعتبر قاع بحيرة تنجانيقا أخفض جهات الانهدام إذ يبلغ أكثر مـن (-600 م)، ويعتقد أنه تكون خلال فترة امتدت نحو 50 مليون سنة. (شكل 7).

انيموغراف

جهاز آلي لقياس سرعة واتجاه الرياح على الدوام.

28

انيموميتر

جهاز قياس قوة وسرعة الرياح وأحياناً اتجاهاتها، ومنه انيموميتر دوار تحرك فيه الريح فناجين (أكواب) تدير مسننات تقيس سرعة الدوران ومن ثم سرعة الريح. (شكل6).

أوب – اريتش (نهـر)

يقع وسط شمال آسيا وفي روسيا (سيبريا) بالذات، تبدأ روافده من جبال التاي وهضاب كازاخستان، ويصب في خليج اوب الواقع في بحر كارا أحد البحار المتصلة بالمحيط المتجمد الشمالي. وطوله 5567 كم، ومساحة حوضه 2,988,860 كيلو متر مربع. ويعني اسم النهر اوب بالفارسية ماء أو نهر، أما اسم اريتش فقد يكون كون تركياً يعني يتدفق أو منغولياً يعني نهر.

أوختسـك (بحـر)

يقع في روسيا بين سواحل سيبيريا الشرقية وشبه جزيرة كمشتكا وجزر كوريل، ويعتبر ضمن المحيط الهادي الشمالي، ويتصل ببحر اليابان. مساحته 1,589,700 كم^2، ومعدل عمقه 838م. (شكل 49).

أوراسيا

اختصار لاسم قارتي أوروبا وآسيا كونهما القارتين المتصلتين معا.

أورال (جبـال)

تقع في روسيا، وهي الحد الفاصل بين قارة أوروبا وقارة آسيا، وتمتد من المحيط المتجمد الشمالي في الشمال إلى بحر قزوين في الجنوب، وطولها 2240كم وهي ضيقة نوعا وقليلة الارتفاع، وأعلى قممها جبل نارودنايا في القسم الشمالي منها، وارتفاعه 1894 متراً. وهي غنية بالمعادن، وخاصة الحديد والنحاس والنيكل والمنغنيز والذهب والبلوتونيوم.

أورانـوس

من مجموعة الكواكب التابعة للشمس، اكتشف عام 1781م، وهو الكوكب السابع في الترتيب، ويبعد عن الشمس 287 مليون كيلو متر، ويستغرق 84 سنة

و 28 يوماً أرضياً في الدوران حول الشمس، وقطره 47100 كم، وكتلته 14.52 مرة من كتلة الأرض، وحجمه 47.1 مرة من حجم الأرض. وله 27 قمرا تدور حوله. ويعني اسمه باللاتينية " السماء " أو " الجنة ". (شكل 37).

أوروبا

تقع شمال خط العرض 35 شمالاً، وتتصل بقارة آسيا من الشرق، وتبلغ مساحتها 9,957,000 كم^2 تعادل 6.7% من مساحة اليابسة، وتصغرها بالمساحة قارة أوقيانوسيا وهي أكثر القارات عمراناً وصلاحية للسكن والاستغلال. ويعود اسم القارة إلى كلمة أشورية تعني "ظلام" و"غرب" كمقابل آسيا.

أوزون

ويسمى متآصل الأكسجين إذ أنه ليس أكسجينا (O) وليس جزئيا من ذرتين (O_2) كالأكسجين، وإنما يتكون من 3 ذرات متحدة من الأكسجين (O_3)، ويوجد الأوزون بكميات قليلة في طبقة التربوسفير (الطبقة الدنيا من الغلاف الجوي) نتيجة للنشاطات الصناعية أو تحلل الأكسجين بفعل البرق، ويتركز الأوزون في الغلاف الجوي في الطبقة المعروفة باسمه على علو 20 - 30 كم، ويمتص الأوزون الأشعة فوق البنفسجية الضارة بالإنسان، وتتعرض طبقة الأوزون للضرر مما يؤثر على مناخ الأرض. ويوجد فجوة فوق القطب الجنوبي أي منطقة خالية أو شبه خالية من الأوزون. (شكل 46).

أوقيانوسيا

كلمة محيط باللغة الإنجليزية مضافاً إليها المقطع يا ويعني بلاد. وأوقيانوسيا مصطلح ابتدعه الجغرافي الدنماركي- الفرنسي براون نحو عام 1812 ، ويقصد: جزر وسط وجنوب غرب المحيط الهادي، وهو يشمل عموما مجموعات جزر بولونيزيا وميلانيزيا، وميكرونيزيا واستراليا ونيوزيلاندا وما يجاورها.

ايونوسفير انظر ثيرموسفير.

حرف الباء

بئـر ارتـوازي

بئر تتدفق منه المياه إلى السطح دون الحاجة إلى وسائل صناعية للضخ، إذ تكون المياه الباطنية موجودة في طبقة مسامية تنحصر بين طبقتين كتيمتين (غير منفذتين للماء) وتكون هذه الطبقات مائلة، وتتسرب مياه الأمطار عبر الطبقة المنفذة (المسامية) ثم تنساب خلالها محصورة بين الطبقتين الكتيمتين، وعند حفر الآبار عبر الطبقة الكتمية العلوية تنبثق المياه ما دام مستوى فتحة البئر دون منسوب المياه الجوفية. هذا وقد يطلق مصطلح آبار ارتوازية حتى على الآبار التي يتم استخراج المياه منها بوسائل صناعية.

بارومينـر

جهاز يستعمل لقياس الضغط الجوي، ومنه زئبقي ومنه معدني.

بازلـت

صخر ناري أسود اللون، تكون نتيجة تجمد اللابا (انظر لابا) التي تصاحب البراكين، وهو صخر غير بلوري، شديد الصلابة غير منفذ للماء كونه غير مسامي، ويوجد حيث توجد البراكين.

بامير (هضبـة)

تقع في وسط آسيا، ومعظمها في طجكستان، وتمتد إلى غرب الصين وشمال شرق أفغانستان، ويتراوح ارتفاعها من 3660-4270 م وأعلى قمة بها كومنزما (كومنسم) وارتفاعها 7495 م، وتتفرع من هذه الهضبة العديد من السلاسل الجبلية. ويطلق عليها أحياناً سقف العالم، كما تسمى عقدة بامير.

بحـــر

البحر في التحديد العلمي يعني أحد الأقسام الصغرى من المحيطات، أو فجوة واسعة في سواحل المحيطات وتتوغل في اليابسة، مثل: بحر العرب، البحر المتوسط، بحر الشمال، وضمن مصطلح البحر المسطحات المائية الداخلية الكبرى من الماء الملح وإن كان اليابس يحيط بها من جميع الجهات، مثل: بحر

قزوين والبحر الميت، وإن كان إطلاق اسم البحر عليها من قبيل المجاز. (شكل 49).

بحر شبه مغلق

البحار التي تتصل بالمحيط بفتحات (مضائق) شبه مغلقة، مثل البحر الأحمر، الـذي يتصل بالمحيط الهندي عبر مضيق باب المنـدب، والبحـر المتوسـط الـذي يتصل بالمحيط الأطلسي عبر مضيق جبل طارق.(شكل 49).

البحر المتوسط (إقليم)

يقع هذا الإقليم في غرب القارات بين دائرتي عرض 30-40° شمالاً وجنوباً، ويوجـد بشكل رئيس في المناطق المطلة على البحر المتوسط (سواحل المتوسط) وتشمل: جنوب أوروبا، شمال أفريقيا، مناطق من غرب آسيا. ويسود في الأجزاء الوسطى والساحلية مـن كاليفورنيا في الولايات المتحـدة (أمريكـا الشـمالية)، ووسط تشيلي (أمريكا الجنوبية)، ومنطقـة الكـاب، (الطـرف الجنـوبي الغربـي لأفريقيـا)، وفي الأطـراف الجنوبيـة الشـرقية والجنوبية الغربية لأستراليا، وفي شمال نيوزيلندا ويمتاز هذا الإقليم بأنه ممطر شتاء جـاف تقريباً أو تماماً في الصيف، وارتفاع درجة الحرارة صيفاً واعتدالها شتاء، وتتحـدد كميـة الأمطار ودرجات الحرارة تبعاً لاختلاف التضاريس والقرب أو البعـد عـن البحـر (المحـيط). (شكل 31).

بحر مغلق / داخلي

بحر داخل اليابسة ليس له اتصال مباشر مع البحار الأخرى أو المحيط، مثل بحر قزوين، والبحر الميت.

بحيرة

مسطح مائي يشغل منطقة منخفضة في اليابسة وتحيط بـه مـن جميـع الجهـات، وغالباً ما تكون مياه البحيرة عذبة، وقد تكون مالحة بسبب شدة التبخر أو نوعيـة الرواسب التي تجلبها المياه السطحية، ويختلف منسوب المياه في البحيرات من فصل لآخر أو من عام لآخر حسب العلاقة بين التبخر والمياه التي تصرفها الأنهار من بعض البحيرات وبين كمية المياه التي تغذيها، ومن

البحيرات: البحيرات العظمى في أمريكا الشمالية، وبحيرات الهضبة الأفريقية، وبحيرة بايكال في آسيا...الخ.(شكل 7).

بحيرة انكسارية / صدعية

بحيرة تكونت نتيجة لحدوث انكسار كبير في سطح الأرض أدى إلى تكوين فجوة واسعة، مثل بحيرتي تنجانيقا ونياسا في أفريقيا واللتان تعتبران جزء من الانهدام (الأخدود) الأفرواسيوي العظيم.(شكل 7).

بحيرة بركانية

بحيرة تكونت في فوهة بركان خامد، مثل بحيرة تانا في أثيوبيا، وتوبا في سومطرة.

بحيرة جليدية

بحيرة تكونت نتيجة عوامل الحت والإرساب الجليدي، مثل البحيرات الموجودة في فنلندا.

بحيرة ساحلية

بحيرة أو شبه بحيرة أو مسطح مائي مالح ضحل يوجد بجانب البحر، يفصلها عنه كليا أو جزئياً شريط ضيق من الأرض، وتتكون البحيرات الساحلية بفعل المرجان أو الإرسابات الرملية أو الحصوية أو الطينية. مثل بحيرتي المنزلة وادكو في مصر.

بحيرة صناعية

بحيرة تكونت بفعل عمل الإنسان، وخاصة للسيطرة على الفيضانات حيث تبنى السدود على المجاري المائية لتخزين الماء، ومثلها بحيرة ناصر خلف السد العالي على نهر النيل، بحيرة الأسد في سوريا خلف سد على نهر الفرات.

بحيرة هلالية (كوعية أو مقتطعة)

بحيرة مقوسة على شكل هلال تقريباً أو حذوة الخيل، كانت في الأصل جزء من منحنيات (كوع) نهر ثم اقتطعت من النهر وانفصلت عنه بفعل عوامل

النحت والإرساب التي تتعرض لها جوانب النهر، وتوجد هذه البحيرات في السهول الفيضية للأنهر وفي مجاريها الدنيا، مثل أنهر الفرات والمسيسبي والدانوب والأصفر.(شكل 19، شكل 48).

بـراري

مناطق الأعشاب الطويلة في المناطق المعتدلة، ومن ثم تختلف عن مناطق الأعشاب القصيرة أو الفقيرة (السهوب، انظر سهوب)، وقد يتم استخدام مصطلحي بـراري وسهوب دون تميز واضح وبيّن بينها. وتوجد البراري بدرجة رئيسة إلى الشرق من جبال روكي في المناطق المعتدلة، وهي من أهم مناطق إنتاج القمح في العالم.

البرازيل (تيار)

تيار دافئ يبدأ من جنوب خط الاستواء ويتجه نحو الجنوب الغربي مارا في معظمه بسواحل البرازيل الشرقية، وهو من تيارات المحيط الأطلسي الجنوبية.

برخـان انظر كثبان هلالية.

بَـرَد

كرات جليدية تتراوح أقطارها من 5- 50 ملم، وقد تصل إلى أكبر من ذلك، وهي ذات أشكال مختلفة، وتتكون نتيجة لصعود الهواء الرطب بسرعة فتتجمد قطرات الماء ويزداد حجمها بازدياد تجمد بخار الماء على سطوحها، فتصبح ثقيلة يعجز الهواء عن حملها فتسقط ويزداد حجمها أثناء ذلك بفعل تجمع طبقات أخرى من الجليد على سطوحها من قطرات الماء شديدة البرودة العالقة بالهواء الرطب، وغالباً ما يسقط البرد من سحب الركام ويصاحبها عواصف رعدية غالباً.

بركـان

فتحة أو مخرج في القشرة الأرضية تخرج أو تنـدفع منـه المـواد المنصـهرة (الحمـم) والغازات الخارجة من باطن الأرض، وتقع البراكين بصفة عامة على طول خطـوط الضعـف في القشرة الأرضية (شكل 4)، ويوجد براكين ثائرة، وبراكين خامدة لا تثور، وبراكين تثور بين الحين والآخر، ويتوقف أو يتحدد شكل البركان على اللابة، وغالبا مـا يكون شكـل البراكين مخروطياً أكانت صغيرة (تليّة) أم كبيرة على شكل جبل، ويقسم جسم البركان عادة إلى:

- حجرة التغذية: هي خزان الماجما (اللابة) وتوجد تحت سطح الأرض أسفل البركان.
- القصبة: شق رأسي (مدخنة) أو أكثر من شق وتتسرب خلالها اللابة.
- العنق: آخر القصبة من أعـلى قـرب سطح الأرض، وهـي منطقـة خـروج اللابة إلى السطح، وقد يكون للبركان أكثر من عنق.
- الفوهة: التجويف الذي يتكون نتيجة لتراكم اللابة حول العنق.

برنامج الأمم المتحدة للبيئة

وكالة تابعة للأمم المتحدة تهدف إلى تشجيع العمل وزيادة الوعي في مجال البيئة في جميع أنحاء العالم، وتقوم بتنفيذ مشاريع تنمية موارد الطاقة بدون الأضرار بالبيئة، ويدير البرنامج " النظام العالمي للرصد البيئي " في 142 دولة، ويشمل رصد الغلاف الجوي والمناخ والمحيطات والموارد الأرضية المتجددة والتلوث العابر للحدود وأثره عـلى الصـحة. ويوجد مقر الوكالة في نيروبي/كينيا.

بطالـة

عدم توفر فرص العمل للراغبين فيه والقادرين عليـه في مهـن تتفـق مـع مـؤهلاتهم ومهاراتهم وقدراتهم.

بطالة موسمية

عدم توفر العمل في فصول أو أوقات معينـة مـن السـنة للـراغبين والقـادرين عـلى العمل نظرا لطبيعة العمل نفسه، مثل العاملين في الزراعـة في نطاقـات القطن أو قصـب السكر أو البناء...الخ.

بلاد الشام

تمتد بلاد الشام بين البحر المتوسط غرباً، وبادية الشام شرقا، ومن جبال طوروس (تركيا) شمالاً إلى صحراء النفوذ جنوباً، وتشمل حاليا الوحدات السياسية (الدول) الآتية: الأردن، سوريا، فلسطين، لبنان.

بلانكتون

كائن حي دقيق لا يرى بالعين المجردة من أصل حيواني أو نباتي يوجد في مياه المحيطات والبحار والبحيرات والأنهار، وهو مصدر غذائي هام للأسماك وبعض الحيوانات البحرية ، ومن ثم فهو حلقة وصل أساسية في سلسلة الغذاء في المياه.

بلـدة

مركز عمراني دون المدينة وأكبر من القرية، ويسود بها الاقتصاد المختلط، صناعة، خدمات، زراعة، ويحدد مفهوم البلدة في بعض الدول حسب عدد السكان.

بلوتـو

الكوكب التاسع والأخير من مجموعة الكواكب الشمسية اكتشف عام 1930، وقطره 5900 كم ويبعد عن الشمس 5900 مليون كيلو متر، ويستغرق 249 سنة و 314 يوماً أرضياً في الدوران حول الشمس. وكتلته 0.10 مرة من كتلة الأرض، وحجمه 0.10 أيضاً من حجم الأرض، وله قمر واحد. ويعني اسمه باللاتينية "ثروة".(شكل 37).

بنجويلا (بنغويلا) (تيار)

تيار بارد يتجه من الجنوب نحو الشمال والشمال الغربي مارا بالسواحل الغربية للطرف الجنوبي لإفريقيا، وهو من تيارات المحيط الأطلسي الجنوبية. (شكل 30).

بنما (قناة)

قناة في برزخ بنما في أمريكا الوسطى، تصل بين المحيط الأطلسي ـ والمحيط الهادي، قامت الولايات المتحدة بحفرها في الفترة 1904- 1914 ، طولها 80.5 كم وعمقها 13 مترا، ويتراوح غاطس السفن المسموح به بين 11.4-12.2مترا. فيها 12 هويسا (حوض لتعديل منسوب الماء لرفع وخفض السفن) بسبب اختلاف منسوب الأرض والبحيرة التي تمـر بها القناة، تم تأجير القناة ومنطقتها للولايات المتحدة حتى أعيدت إدارتها لحكومة بنما عام 1999. توفر القناة المسافة والزمن بين شرق الأمريكتين وغربهما بـدلاً مـن الـدوران حـول قارة أمريكا الجنوبية.

بنية / بنية الأرض / بنية جيولوجية

الوضع أو الشكل الذي تتخذه صخور القشرة الأرضية أو ترتيب الطبقات بها لتأثرها بالحركات الأرضية كالالتواءات والانكسارات والبراكين وغيرها.

بنيـة التربـة

كيفية ترابط الرمل والطين والغرين (الطمي) لتكوين كتل أو تجمعات حيث تكون في أربع بنى هي: شبه الكروي، شبه كتل، الصفائحي، المنشوري.

بهـادا

نمط أو نوع من السهول تتكون من نمو واتحاد مجموعة من المراوح الفيضية، ومـن ثم يعتبر من السهول الرسوبية.

بورا (رياح)

رياح محلية باردة، وتشبه المسترال، وتهب مـن الشـمال والشـمال الشرقي في فصـل الشتاء على منطقة بحر الأدرياتيك (الأدرياتي) وشمال إيطاليا، ويصاحبها طقس بارد جاف وسـماء صـافية خاليـة مـن الغيـوم، وهبـات ريـاح عنيفـة تزيـد سرعتها أحيانـاً عـن 100كم/الساعة. (شكل 17).

بيئـــة

المحيط أو الوسط الذي تعيش فيه الأحياء من إنسان وحيوان ونبات، ويشـمل أيضاً الماء والهواء والأرض وما يؤثر على هذا المحيط.

بيت زجاجي

أصل هذا المصطلح البيوت التي أقيمت من زجاج بما فيها السقف والجدران لإنتـاج محاصيل وتربية نبات في غير فصل أو منطقة نموها، وذلك بتوفير البيئة اللازمة لمثـل هـذا النبات من حرارة ورطوبة وإضاءة، وانتشر نمط الزراعة هذا، واستبدل الزجاج بالبلاستيك.

بيدمـونت

منطقة سهلية منبسطة توجد عند أقدام الجبال في المنـاطق الجافـة، تتكـون نتيجـة للحت والتعرية المائية للسفوح.

بيرنـغ (بحـر)

يقـع في الطرف الشـمالي مـن المحـيط الهـادي بـين سـيبريا في روسـيا غربـا وألاسـكا (الولايـات المتحـدة) شرقـا، وبـين مضـيق بيرنـغ في الشـمال وجـزر الوشـيان في الجنـوب، ومساحته 2,291,000 كم^2. (شكل 49).

بيـرو (تيـــار)

تيار بارد يتجه من الجنوب نحو الشمال والشمال والغربي مارا بمعظم سـواحل أمريكا الجنوبية جنوب خط الاستواء، وهو من تيـارات المحـيط الهـادي الجنوبيـة. (شـكل 30)

حرف التاء

تاييجا (تيجا، تيكا)

أصل المصطلح نطاق الغابات الصنوبرية في سيبريا والمناطق المعتدلة الشمالية من أوراسيا، أي بين إقليم التندرا شمالاً والسهوب الروسية جنوبا، وعمم المصطلح على المناطق المشابهة كنطاق الغابات الصنوبرية في أمريكا الشمالية، وتكثر المستنقعات في هذا النطاق تبعاً لفيضان المياه من أعالي الأنهار المتجهة شمالاً والتي تكون مجاريها السفلى (الشمالية) متجمدة غالباً. (شكل 32).

تبت (هضبة)

تقع في وسط آسيا في جنوب غرب الصين على حدود الهند ونيبال وبوتان. ومساحتها 1,221,600 كم^2 ومعدل ارتفاعها 4000-4500م. وتحدها جبال هيمالايا من الغرب والجنوب، وجبال كون لون من الشمال، وجبال كاراكورم من الغرب.

تبخر

تحول المادة من حالة السيولة إلى الحالة الغازية وذلك عند بلوغها درجة غليانها، ومصدر بخار الماء في الجو من مياه المسطحات المائية، بفعل حرارة الشمس، ومن النبات بفعل عملية النتح. والتبخر عكس التكاثف. (شكل 44).

تجارة خارجية

تبادل الدولة لمنتجاتها من السلع والخدمات بأنواعها مع الدول الأخرى، ومن ثم تستورد الدولة السلع والخدمات والخامات التي تحتاجها من الخارج (الواردات) وتصدر الفائض لديها إلى دول أخرى (الصادرات).

تجارة داخلية

تبادل المنتجات من السلع والخدمات بأنواعها ضمن الدولة نفسها.

تجارية (رياح)

رياح سطحية دائمة تهب من نطاقات الضغط المرتفع في الأقاليم دون المدارية (عروض الخيل) في نصفي الكرة الأرضية إلى نطاق الضغط المنخفض

الاستوائي، وهي رياح شمالية شرقية في نصف الكرة الشمالي، وجنوبية شرقية في نصف الكرة الجنوبي، وتتصف الرياح التجارية بانتظام هبوبها وسرعتها بصورة عامة وقلة الاضطرابات الجوية في مناطق هبوبها، وخاصة في مناطق المحيطات والصحاري الحارة، ولكنها أقل انتظاماً وسرعة في المناطق الداخلية للقارات. (شكل 42).

تجدد شباب نهر

نهر رجع إلى مرحلة الشباب بعد أن وصل إلى مرحلة النضج أو الشيخوخة، وبقيت آثار أو الظواهر التي تدل على مرحلة النضج أو الشيخوخة ظاهرة في مجراه وحوض تصريفه، ومن ثم يكون النهر قد بدأ دورة حتية جديدة (ويسمى هذا النهر نهر متصابي) وتعود عملية تجدد شباب النهر إلى عوامل، منها: حركات الرفع التي تحدث في القشرة الأرضية، أو انخفاض مستوى سطح البحر أو المحيط.

تجوية

تفكك وتجزؤ الصخر وتحلله بوساطة عوامل جوية وكيميائية وحيوية. ومن ثم يوجد أنواع من التجوية: تجوية ميكانيكية، تجوية كيميائية.

- **تجوية كيميائية**

تحطم وتفتت وتآكل الصخور وتغير خصائصها الأصلية (الكيمائية والطبيعية) وذلك نتيجة لتفاعلات كيميائية بين معادن هذه الصخور وبعض العناصر الكيمائية الموجودة في الماء والغلاف الجوي، كالأكسجين وثاني أكسيد الكربون وغيرهما، وتتم العملية إما بالإذابة أوالتحلل، إذ تذوب معادن مثل الكالسيوم والصوديوم والمغنيسيوم الموجودة على شكل كربونات بالماء بسهولة، وبوجود ثاني أكسيد الكربون المذاب بمياه الأمطار تتحول إلى بيكربونات تذوب بسهولة. كما يتحد الأكسجين المذاب في الماء مع الحديد ويحوله إلى ثاني أكسيد الحديد (الصدأ) مما يساعد على تفتيت الصخر وتآكله. ومن الجدير بالذكر أن تحلل المواد العضوية ذات الأصل الحيواني ينتج عنها حموض كيميائية تساعد في تفتيت الصخر وتحلله.

■ تجوية ميكانيكية

تحطم وتفتت الصخور دون حدوث أي تغير في خصائصها الكيميائية والطبيعية الأصلية، وتحدث هذه العملية إما نتيجة لاختلاف درجة الحرارة بين الشتاء والصيف أو بين الليل والنهار، حيث يؤدي ذلك إلى تمدد الصخر (بالحرارة) وتقلصه (بالبرودة)، مما يؤدي ذلك إلى تفكك وتقشر أجزاء من الصخر. وتحدث هذه العملية في المناطق الجافة خاصة.

كما تحدث التجوية الميكانيكية نتيجة تجمد الماء الموجود في شقوق الصخر نتيجة لتدني درجة الحرارة، ويؤدي تجمد الماء إلى زيادة حجمه بنسبة 9 - 11% فيضغط على ما يحيط به من الصخر المجاور له مما يؤدي إلى توسع الشقوق وتحطيم الصخر. وتحدث هذه في المناطق الرطبة التي تتدنى بها درجة الحرارة إلى درجة التجمد.

ويدخل ضمن عوامل التجوية الميكانيكية ما تقوم به الكائنات الحية من نبات وحيوان في شق وتفتيت الصخر، وإن كان هذا العامل محدود الأثر.

تحضر

انتقال السكان من الريف إلى المدن للإقامة فيها إقامة دائمة، لأسباب اقتصادية أو اجتماعية أو غيرها، ويترتب على ذلك اكتساب قيم ونظم وسلوكيات جديدة.

تحلية مياه البحر

استخدام تقنيات معينة لتنقية مياه البحر من الأملاح والشوائب لتصبح صالحة للاستخدام البشري، ويتم ذلك في المناطق التي تعاني من عجز في المياه (المناطق الجافة) وتتوفر بها الطاقة، مثل دول الجزيرة العربية كالسعودية والكويت والإمارات.

تخطيط

برامج ومشاريع تهدف إلى الاستغلال الأمثل للموارد الطبيعية والبشرية، وتحقيق التنمية والتوازن بين الأقاليم.

تخطيط إجباري

تخطيط تقوم به الدولة يعتمد أساساً على القطاع العام (القطاع المملوك أو التابع للدولة)، ويشمل الاقتصاد الوطني كله أو معظمه ومناطق من الدولة أو على مستوى الدولة، ويهم هذا التخطيط كافة القطاعات والوحدات الإنتاجية، ويتطلب وجوب تنفيذه حسب الجدول الزمني المحدد له.

تخطيط اختياري

تخطيط غير ملزم تقوم به أو تمارسه الدولة أثناء تعاملها مع القطاع الخاص لتنمية قطاع اقتصادي أو منطقة معينة، ويعتمد أساساً على إعطاء بعض الحوافز للقطاع الخاص، كمنح القروض أو الإعفاء الضريبي أو جزء منه لفترة معينة، وتنفيذ مشروعاته أمر غير ملزم.

تداخل صور جوية

شمول كل صورة من الصور الجوية على قسم أو جزء من الصور المحيطة بها من كل الجهات، ويكون التداخل الطولي بين الصور في نفس الصف (خط الطيران) أكثر من التداخل الجانبي بين الصور في صفين متجاورين، ويصل التداخل الطولي بين الصور المجاورة إلى 60% فأكثر، في حين يكون التداخل الجانبي بين الصور في صفين متجاورين نحو 15% على الأكثر، والتداخل الأمامي أو الطولي هذا ضروري جداً من أجل الرؤية المجسمة (انظر الرؤية المجسمة)، أما التداخل الجانبي فهو بهدف عدم ترك منطقة بدون تصوير.

تذرية

قيام الرياح أثناء هبوبها بنقل المفتتات وذرات التربة الناعمة، ومن ثم هي من عوامل التعرية والإرساب.

تربة

المادة المفككة على سطح الأرض التي توجد فوق الغطاء الصخري، تتفاوت من حيث حجم حبيباتها، وتتكون من مزيج من المواد المعدنية والعضوية، ويتأثر تكوينها بنوع الصخور الأصلية والمناخ وانحدار الأرض والأحياء والزمن، ومن ثم

يختلف تركيبها من منطقة لأخرى، وقد توجد على شكل طبقات (أفاق، انظر أفاق التربة) ثلاث أو طبقتين أو طبقة واحدة حسب تكونها وتعرضها للنحت والتعرية والإرساب، ويترتب على ذلك اختلاف سمك الطبقات وبالتالي السمك الكلي للتربة، ويوجد أكثر من تصنيف للتربة اعتمد بعضها على مكوناتها المعدنية والكيميائية، وآخر على المنطقة (البيئة) الطبيعية، وبعضها على اللون، وأخيراً مزيجاً مما تقدم. (شكل 39).

تربة رملية

تربة خفيفة تتكون في معظمها من ذرات (حبات) الرمل بأحجامها المختلفة: الناعمة والمتوسطة والخشنة، وإنتاجيتها منخفضة.

تربة صلصالية

تربة رسوبية ذراتها دقيقة يقل معدل قطر حبيباتها عن 0.002 ملم ونسبة الصلصال بها 30% فأكثر، وهي تربة متماسكة تصبح لزجة إذا اختلطت بالماء.

تربة غرينية

تربة تكونت من الرواسب النهرية (الغرين أو الطمي) الناعمة، وتتكون عادة من الطمى والرمل والصلصال وغيرها مما تحمله الأنهار عادة، وهي من أفضل وأخصب الترب في العالم، مثل: دالات الأنهار كالنيل والمسيسبي وغيرها.

تربة كلسية /جيرية

تربة تحتوي على كربونات الكالسيوم المختلطة غالباً بكربونات المغنيسوم.

تربة لويس   انظر لويس.

تركيب / توزع السكان بين الريف والحضر

الحضر سكان المدن، والريفيون سكان الريف، ويختلف مفهوم الريف والحضر ـ من دولة إلى أخرى، فبعضها يحدد الريف والحضر حسب عدد سكان المركز العمراني، فمثلاً اعتبر في الأردن كل مركز عمراني عدد سكان 5000

نسمة فأكثر حضرا، وما دون ذلك ريف، وفي دول أخرى يعتمد التصنيف على الاقتصاد السائد، فالريفيون هم الجماعات التي تعيش على استغلال الموارد الأولية من الأرض استغلالا مباشراً كأعمال الزراعة والرعي. والحضر الذين يعتمدون في اقتصادهم على غير ذلك كالصناعة والخدمات.

تركيب سكان اثني / عرقي

أي حسب الأصول الاثنية (العرقية) أي الخصائص السلالية والثقافية، ومعرفة الأقليات في الدولة وتوزعها.

تركيب سكان / بنية السكان

الصفات السكانية التي يمكن قياسها، مثل: العمر، النوع (الجنس)، السلالة، القومية، الحالة الاجتماعية، المهنة، الدخل، التعليم، الدين...الخ. (شكل 33).

تركيب سكان حسب التعليم

ويدخل ضمنه نسبة الأمية، وعدد الملتحقين بالمدارس، والمعاهد والجامعات والمؤهلات العلمية

تركيب سكان ديني

توزع السكان حسب العقيدة أي المعتقدات الدينية، وتنتشر في بعض الدول عقيدة معينة بين السكان كعقيدة رسمية، مثل: الإسلام في البلاد العربية والإسلامية (أندونيسا، باكستان...الخ) والكاثوليكية في إيطاليا وإسبانيا وأمريكا اللاتينية، والبوذية في ميانمار وتايلند..الخ. والهندوسية والكونفوشية في الصين.

تركيب سكان عمري

توزع السكان حسب فئات عمرية محددة، ويقسم السكان إلى فئات عمرية خمسية أي صفر -4، 5-9...الخ، أو عشرية أي صفر-9، 10-19...الخ، وللتركيب العمري علاقة بالإعالة (انظر الإعالة) والقوة العاملة، وتوفير الخدمات والمرافق الصحية والتعليمية...الخ، ويقسم السكان حسب العمر إلى ثلاث فئات: دون 15 سنة وهم صغار السن أو الأطفال، 15- 64 سنة وهم الشباب، 65 سنة فأكثر وهم الشيوخ أو كبار السن. (شكل 33).

تركيب سكان لغوي

توزع سكان الدولة حسب اللغات التي يتكلمونها، وللدولة لغة رسمية أو أكثر، (ويوجد عادة ما يعرف باللغة الثانية غير الرسمية)، ففي البلاد العربية تعتبر اللغة العربية اللغة الرسمية، وفي سويسرا يوجد أربع لغات رسمية هي: الفرنسية، الألمانية، الإيطالية، الرومانية. وفي الهند 15 لغة رسمية، وأكثر من 200 لغة محكية.

تركيب سكان نوعي / جنسي

توزع السكان حسب النوع (الجنس)، أي نسبة عدد الذكور إلى عدد الإناث. (شكل 33).

تروبوبـوز

الحد الفاصل بين طبقة تروبوسفير وطبقة ستراتوسفير في الغلاف الجوي، وتعتبر أحياناً الحد العلوي لطبقة تروبوسفير. (شكل 46).

تروبوسفير

الطبقة الدنيا (السفلى، الأولى) من الغلاف الجوي، وتمتد من سطح الأرض إلى ارتفاع 6- 8كم فوق القطبين، وإلى 16- 18كم فوق المناطق الاستوائية، وتحوي هذه الطبقة نحو 75% من كتلة الهواء المكونة للغلاف الجوي جميعه، وتحتوي على معظم بخار الماء في الجو، وبها تتكون الغيوم ومعظم النشاطات الجوية لذا يطلق عليها أحياناً طبقة الطقس، وتقل بها درجة الحرارة مع الارتفاع بحيث تصبح نحو 60° تحت الصفر عند نهايتها العليا. (شكل 46).

تشبــع

حالة السوائل أو الغازات (الهواء) عندما تصل أقصى ما تستوعب من المادة المذابة، بحيث لا تقبل مزيدا منها. ويختلف تشبع السوائل والغازات حسب درجة الحرارة.

تصحر

انخفاض أو تدني إنتاجية أي نظام بيئي، ويحدث التصحر بفعل عوامل طبيعية، مثل: انحباس الأمطار أو تناقصها، وارتفاع درجة الحرارة أو انخفاضها، أو بفعل الإنسان، مثل: الرعي الجائر، وقطع الغابات والأشجار، والزحف العمراني، والتلوث بأشكاله وأنواعه المتعددة كالنفايات الصلبة والسائلة والمواد السامة...الخ.

تصحر شديد

تقل إنتاجية التربة إلى أكثر من 50%، وتنمو بعض أنواع النباتات غير المرغوبة، ويزداد وجود الكثبان الرملية في بعض المناطق.

تصحر شديد جداً

يكاد ينعدم الإنتاج وتتدهور النباتات الطبيعية، وتصبح المنطقة شبه خالية من النباتات، وتظهر آثار التعرية بوضوح شديد، بحيث يظهر الصخر الأصلي، وتسود الرمال في بعض المناطق.

تصحر طفيف

تدني وانخفاض طفيف (بسيط) واضح في إنتاجية التربة، ويكون هذا التدني بنسبة تقل عن 10% من إنتاجيتها.

تصحر معتدل

تقل إنتاجية التربة بنسبة تتراوح من 10- 50%، وتظهر علامات طبيعية على التصحر، مثل: ظهور كثبان رملية صغيرة في بعض المناطق، وشواهد على آثار التعرية على التربة السطحية.

تصحيح اقتصادي

الإجراءات التي تتخذها الحكومات من أجل تحسين وضعها الاقتصادي، وغالباً ما تكون برعاية مؤسسات وهيئات اقتصادية واعتماداً على مواردها، وإعادة النظر في الضرائب والرسوم التي تحصلها من مواطنيها، ويعتقد أن

السبب في الخلل الاقتصادي الذي يؤدي إلى ضرورة الإصلاح هـو عوامـل اقتصـادية محلية وأخرى عالمية.

تضـاريس

ما عليه سطح الأرض من ارتفاعات وانخفاضات، أي ملامح وأشكال ومظاهر سطح الأرض الطبيعية، من جبال وهضاب وسهول وأودية ومنحدرات...الخ. (شكل 15، شكل 52).

تضخم حضري

زيادة عدد السكان الحضر (سكان المدن) زيادة كبيرة تفوق استيعابهم في المدن، وتفوق معدل النمو الاقتصادي للمدن (أو المدينة)، وينتج عنه تزاحم شديد ومعاناة في الحصول على مكان للسكن مما يؤدي إلى ظهور الضواحي العشوائية أو مدن الصفيح كما يطلق عليها، إضافة إلى عدم كفاية المواصلات والخدمات وتفشي البطالة، ويعود السبب الرئيسي في هذا التضخم إلى الهجرة من الريف إلى المدينة.

تطبـق شجري

نمو النباتات على طبقات (مستويات) مختلفة، أي تتباين الطبقات في ارتفاعها عن سطح الأرض، وتوجد هذه الظاهرة في الغابات الاستوائية. (شكل 22).

تطويـر حضـري

إقامة أحياء سكنية جديدة في ضواحي المدن لاستيعاب الهجرة من الريف، وذوي الدخل المحدود، والمرحّلين من الأحياء والضواحي المكتظة أو الأحياء العشوائية، كما يعنى التطوير الحضري بإعادة تنظيم الأحياء العشوائية وغير المخططة والمكتظة لتوصيل الخدمات اللازمة لها، وجعلها أكثر ملاءمة للسكن.

تعـداد السكـان

العملية الكلية والشمولية لجمع وتجهيز وتبويب وتحليل وتقويم ونشر البيانات الديموغرافية (السكانية) والاقتصادية والاجتماعية المتعلقة بجميع السكان

في بلد ما أو جزء منه في زمن معين. ويشمل التعداد البيانات الرئيسة الآتية: مجموع السكان، النوع والسن والحالة المدنية (أعزب، متزوج، مطلق)، مكان الميلاد والجنسية ومكان الإقامة، التركيب الأسري، اللغة الأصلية والحالة التعليمية والدينية، النشاط الاقتصادي، النمط العمراني (ريف، حضر)، الخصوبة...وتختلف الدول في الفترة بين تعداد وآخر، فبعضها يقوم بذلك كل 5 سنوات، وبعضها كل 10 سنوات، أي تعدادات منتظمة، وبعضها لا تقوم بذلك في فترات منتظمة، إلا أن معظم بل جل دول العالم تجري تعدادات سكانية. وقد يشمل تعداد السكان تعداداً للمساكن، وقد يطلق عليه عندها تعداد السكان والمساكن.

تعدين

استغلال الموارد الطبيعية كالمعادن (الحديد، النحاس، الرصاص...الخ) والبترول والفحم ومواد البناء وغيرها، وجميعها موارد غير متجددة، ويتم التعدين إما بطريقة سطحية أي من السطح إذا كان الخام ظاهراً على سطح الأرض، أو إزالة الطبقة أو الطبقات السطحية الموجودة فوق الطبقة الحاوية للخام. وإما بالتعدين الباطني عن طريق حفر الآبار كاستخراج البترول، أو الأنفاق كما في استخراج الفحم والمعادن في بعض المناطق.

تعرية

تآكل سطح الأرض بفعل عوامل طبيعية عدة، كالرياح والأمطار والمياه الجارية ومياه البحار والمحيطات والجليد والصقيع والشمس. فالشمس والجليد والصقيع تؤدي جميعاً إلى تفكيك وتشقق وتكسر الصخور وتقوم الرياح والمياه الجارية بنقلها وجرفها كما تقوم في نفس الوقت بعملية الحت. وتقوم المياه وخاصة التي تحتوي على نسبة عالية من ثاني أكسيد الكربون كعامل إذابة، خاصة وأن أملاح معظم الصخور قابلة للذوبان، ومن ثم تصنف مراحل التعرية بالآتي:

1. التفكك والتحلل.

2. النقل وما يصاحبه من حت.

48

3. الإذابة والتعرية أحد عاملين رئيسين في تشكيل سطح الأرض، إذ أن العامل الآخر عملية الإرساب.

تفرقة عنصرية / تمييز عنصري

ممارسة نشاطات وسلوكيات سلبية من أفراد عرق أو قومية معينة ضد الأقليات من قوميات أو أعراق أخرى، وقد تمارس هذه السلوكيات في الدولة الواحدة كما كان موجوداً في جنوب أفريقيا، والولايات المتحدة ضد المواطنين السود.

تقشر الصخر

تفكك وانفصال القشور الخارجية للصخر بفعل اختلاف درجات الحرارة بين الليل والنهار، وبين الصيف والشتاء. إذ تتمدد الصخور بفعل الحرارة نتيجة لامتصاص المعادن الموجودة في الصخور للحرارة، وتتقلص ليلاً عند انخفاض الحرارة مما يؤدي إلى انفصال القشرة أو القشور الخارجية للصخر، وتقشر الصخر من أشكال التجوية الميكانيكية. (شكل 18).

تكاثف

عملية تحول المادة من الحالة الغازية إلى الحالة السائلة، إذ تتكون السحب نتيجة تكاثف بخار الماء في الجو، فعندما يرتفع الهواء الذي يحتوي على بخار الماء إلى أعلى يبرد مما يؤدي إلى تكثف البخار وتحوله إلى قطرات من الماء، وتتجمع هذه القطرات وتسقط الأمطار، وقد تتبخر ثانية أحياناً قبل وصولها إلى سطح الأرض، والتكاثف عكس التبخر.

تل / تلال

التل جزء صغير من سطح الأرض يرتفع عما حوله، وهو أقل ارتفاعا من الجبل ويسمى التل المنفرد تلا منعزلاً، وقد توجد مجموعة من التلال المتجاورة ذات قمم متعددة، وسفوح التل أو التلال أقل انحدارا من الجبال وقد توجد فوق السهول أو الهضاب وقرب سفوح الجبال، وغالباً ما يكون سطح التل محدبا. وتعتمد بعض المراجع التل ما يقل الارتفاع من القاعدة وحتى القمة عن 300 متر. (شكل 15، شكل 52).

تلـوث

تغير في نسب المواد المكونة للهواء أو الماء أو التربة، أو دخـول عنـاصر غريبـة إليهـا، بحيث يؤدي إلى إلحاق الضـرر بالإنسان أو الحيـوان أو النبـات أو بها جميعاً. والصناعة ومخلفات الإنسان الصلبة والسائلة، من أهم مصادر التلوث سواء بطريق مباشر من خلال المواد الصلبة والغازات التي تنفثها في الجو، أو مخلفاتها التي يتم التخلص منها في المـاء أو على الأرض، أو بطريق غير مباشر كأثر الأسمدة والمبيدات أو وسائل النقل. ويلحق التلـوث أضراراً شديدة بالبيئة من إنسان وحيوان ونبات وماء وتربة.

تلوث التربة

تتلوث التربة نتيجة للأمطار الحامضية، ومخلفات الصناعة والإنسان وسوء استخدام الأسمدة الكيميائية والمبيدات، مما يؤدي إلى انخفاض إنتاجيتها أو قد تصبح غير قابلـة للاستغلال الزراعي.

تلوث الشواطئ

تغير في المكونات الطبيعية للشواطئ، والتي تنتج عـن نفايات ومخلفـات الإنسان والصناعة والأعاصير المدمرة كالتيفون والهاريكين، ويؤدي تلوث الشواطئ إلى تلوث المياه المجاورة لها.

تلوث صناعي

التلوث الناتج عن الأعمال والأنشطة الصناعية. وهو من العوامل الرئيسة التي تؤدي إلى تلوث الهواء والتربة والمياه الجوفية والسطحية، ومصادر التلوث الصناعي: الغازات التي تطلقها المصانع والسيارات، الغبار الناتج عن التعدين، مخلفات الصناعة.

تلوث المياه

تغيـر كبيـر وواضـح وملحـوظ في الخصائص الفيزيائيـة والكيميائيـة للميـاه لـدخول عنـاصر ومـواد غريبـة ومركبـات ومـواد عالقـة وأحيـاء دقيقـة وغيرهـا إلى مصادر المياه، ممـا يجعل الميـاه الجوفية والجاريـة غير صالحة للشرب والاستعمالات المنزلية والزراعة، وتتلوث المياه الجوفية

والجاريـة وميـاه البحـار مـن: المجـاري الصـحية (الصـرف الصـحي)، النفايـات الصـناعية، الأسـمدة والمبيـدات، مخلفـات الإنسـان (القمامـة)، نـاقلات البتـرول، آبـار البتـرول الموجـودة في البحـار، المـواد المشـعة، الأمـلاح....الـخ. ويـؤدي تلـوث ميـاه البحـار إلى الأضرار بالثروة السمكية والأحياء البحرية.

تلوث الهواء

تغير كبير وواضح في مكونات الهـواء وخصائصها وحجمهـا، وزيـادة أو نقـص نسبة هذه المكونات بعضها إلى بعض، بفعل إطلاق كميات كبيرة من الغازات والعناصر الصـلبة، مما يؤدي إلى إلحاق الضرر بالكائنات الحية وغير الحية، بـل وتدميرها في بعض المناطق، وذلك عن طريق الأمطار الحامضية (الحمضية) التي تؤثر على النباتات وتلوث التربـة، أو عن طريق الجزئيات الدقيقة والغبار الذي يتراكم على أوراق النباتات، مما يغلق مساماتها ويضعف قدرتها على امتصاص ثاني أكسيد الكربون وإضعاف عملية التمثيـل الضـوئي، ويسبب تلوث الهواء العديد من الأمراض للإنسان، مثل: الأمراض الصدرية، الالتهابـات، تصلب الشرايين، الحساسية...الخ. وملوثـات الهواء هي: ثـاني أكسـيد الكبريـت، أول أكسـيد الكربون، أكاسيد النيتروجين، الكلورفلوروكربون، غازات أكاسيد الحديـد...الخ، ومصادر هذه المواد: الصناعة ومخلفاتها ومخلفات الإنسان، والسيارات، والبراكين والحرائق والغبار...الخ.

تملح المياه العذبة

المياه العذبة الصالحة للشرب والري تحتوي على نسب معينة من الأمـلاح، بحيث إذا زادت هذه النسب تصبح المياه غير صالحة للشرب أو الري إلا بعد معالجتهـا. وتتملح المياه الجوفية نتيجة للضخ الجائر منها مما يخل بالتوازن بين كمية الضخ والتعويض النـاتج عـن التغذية السنوية لخزانات المياه الجوفيـة، إذ أن الميـاه المالحـة في الغالـب توجـد في الجـزء الأدنى من هذه الخزانات. كما أن الضخ الجائر من الخزانات الجوفية القريبة من الشواطئ البحرية يؤدي إلى تسرب مياه البحر واختلاطها بالمياه الجوفية. ومن أسباب التملح ري المزروعات بالطرق التقليدية، وخاصة طريقة الغمر، وافتقار معظم الأراضي الزراعية هـذه إلى

مصارف لجر المياه الزائدة، فتتسرب هذه المياه إلى المياه الجوفية. وبعد أن تكون قد تعرضت للتبخر ومن ثم ازدادت ملوحتها، كما أنها قد تذيب أثناء تسربها بعض الأملاح الموجودة في التربة وتحملها معها، هذا عدا ما بها من بقايا الأسمدة.

تمييز عنصري انظر تفرقة عنصرية.

تنبؤ أحوال جوية

توقع الأحوال والظروف الجوية في منطقة لفترة أو فترات قادمة، قد تكون ليوم أو يومين أو أكثر، ويشمل ذلك عناصر الطقس مثل: درجات الحرارة العظمى والصغرى وسرعة الرياح واتجاهها والرطوبة النسبية والضغط، والغيوم والتساقط (الأمطار أو الثلوج). ويتم ذلك عن طريق معرفة المتنبئ الجوي بأحوال الطقس السائدة في الإقليم من حيث المنخفضات الجوية والجبهات الهوائية وحركتها واتجاهها والظروف المصاحبة لها من حيث الحرارة والرطوبة..الخ. وتوقيع ذلك على خرائط يتم تعديلها باستمرار وفق أي تغيرات تحدث لها. ومن ثم يتوقع مدى وصولها للمنطقة المعنية ومدة تأثيرها، وقد تنحرف هذه المنخفضات والجبهات الهوائية عن مسارها أو تضطرب صفاتها مما يجعل التنبؤ الجوي غير دقيق.

تندرا (إقليم)

أحد قسمي الإقليم القطبي، والآخر المناخ القطبي الجليدي (منطقة الصقيع الدائم)، ويفصل بينهما خط الحرارة المتساوي صفر سلسيوس (32°ف) في أدفأ الشهور، ويمتد إقليم التندرا شمال خط العرض 60° شمالاً وجنوب خط العرض 60° جنوباً، ومن ثم يوجد في شمال آسيا وأوروبا وأمريكا الشمالية، وأجزاء محدودة في قارة أنتاركتيكا وبعض الجزر. والتندرا سهول خالية من الأشجار، تنمو فيها بعض النباتات الزهرية وأشنات وطحالب، ويتحدد غالباً بين خطي حرارة صفر-10 درجة سلسيوس، (32-50° فهرنهايت) في أدفأ شهور السنة، والصيف قصير والشتاء طويل، ويسقط به 25-30 ملم/السنة على شكل أمطار أو ثلوج.(شكل 31).

تنظيم الأسرة / تنظيم النسل

استخدام الوسائل (المشروعة بالنسبة لبعض الأديان) المأمونة بتأجيل الحمل (المباعدة بين الأحمال)، أو الامتناع عنه لفترة تتناسب مع الظروف الصحية للمرأة والاجتماعية والاقتصادية للعائلة، وتنظيم الأسرة يخفض الزيادة السكانية للدولة ويحسن من الظروف الاقتصادية للأسرة.

تنقية مياه عادمة انظر معالجة المياه العادمة.

تنمية

عملية تهدف إلى إحداث تغيير جذري في أوضاع المجتمع يتمتع فيه الفرد بمستوى حياة أفضل مما كان عليه من الناحية الاقتصادية والاجتماعية والثقافية والعلمية.

تنمية اجتماعية

عملية تطوير وتحسين وضع المواطنين السكني والتعليمي والصحي...الخ.

تنمية اقتصادية

عملية تطوير موارد الدولة الاقتصادية لزيادة الإنتاج في كافة المجالات الاقتصادية، كالزراعة والصناعة والتعدين...الخ.

تنمية مستدامة

استمرار العملية التنموية والمحافظة على استغلال الموارد بالشكل الأمثل بحيث تستغل هذه الموارد لأطول فترة ممكنة، مع المحافظة على البيئة، والتوازن في استغلال المواد غير المتجددة.

توازن بيئي

التوازن بين مكونات وعناصر البيئة بما تحتويه من مكونات حية وغير حية توازنا ديناميا مرنا لتستمر هذه المكونات في أداء دورها لاستمرارية الحياة، إذ أن هناك تفاعلاً وتأثيرا متبادلاً بين الكائنات الحية فيما بينها، وبين هذه الكائنات والمكونات غير الحية في البيئة.

تـوازن حيـوي

التوازين بين الكائنات الحية في النظام البيئي، إذ يوجد في كل بيئة مكونات حية، تشمل: مُنْتِجات (كالنبات) ومُسْتَهلكات (الإنسان والحيوان) ومُحَلِّلات (الكائنات الحية الدقيقة كالبكتيريا والفطريات)، وتحافظ هذه المكونات الثلاثة على التوازن فيما بينها وتتكيف حسب الظروف البيئية السائدة، ويحدث الخلل عندما يحدث اضطراب أو خلل في أحد هذه المكونات.

تـوزع سكـان

يتوزع السكان على مستوى الكرة الأرضية، وفي كل دولة، بل وضمن الوحدة الإدارية داخل الدولة بشكل غير متساو، إذ يكثرون في بعض المناطق ويقلون في بعضها الآخر، بل وقد تخلو بعض المناطق من السكان، ويتأثر توزع السكان بعوامل طبيعية كالمناخ وتوفر المياه والتربة الصالحة للزراعة والسهول الخصبة والموارد المعدنية...الخ، وبعوامل بشرية، حسب نوع الاقتصاد السائد، وتوفر المواصلات والخدمات، عدا عن العوامل السياسية.

توزع المطر السنوي

تتفاوت الأقاليم المناخية في كمية الأمطار الساقطة بها وتوزع هذه الكمية على أشهر وفصول السنة، فإقليم غرب أوربا تسقط أمطاره طوال العام مع تركز في فصل الشتاء، بينما تسقط أمطار الإقليم الصيني طوال العام مع تركز في فصل الصيف، ولا تسقط أمطار في إقليم البحر المتوسط في فصل الصيف، كما لا تسقط في الإقليم الموسمي في فصل الشتاء. وفي كل إقليم تختلف الكميات الساقطة من شهر لآخر في نفس الفصل. (انظر نظم المطر). (شكل 28).

توسع زراعي أفقي

زيادة مساحة الرقعة الزراعية، عن طريق استصلاح الأراضي كتجفيف المستنقعات، وعمل المدرجات على المنحدرات الجبلية وإزالة التملح والتلوث من التربة، وقطع الغابات لاستغلال أراضيها في الزراعة، وتوفير مياه الري في المناطق الجافة وشبه الجافة.

توسع زراعي عمودي

زيادة إنتاجية الوحدة من الأرض الزراعية، وذلك عن طريـق اسـتخدام الآلات وتحسـين خصائص التربة والمحافظة على خصوبتها بإضافة الأسمدة الكيميائية والعضوية بالكمية المطلوبة، واستخدام البـذور المحسـنة، واسـتخدام مبيـدات الأعشـاب والحشـرات، واسـتخدام البيـوت البلاستيكية أو بما يعرف الزراعة في البيـوت الزجاجيـة وهـي أيضـاً مـن أنـواع التوسـع الزراعـي العمودي كونها تنـتج محاصيل في غـير مواسمها المعتـادة، وتحمـي المزروعـات مـن الأخطـار الطبيعية من رياح وبرْد وبَرَد. واستخدام الأساليب الحديثة في الري يوفر مياها إضافية بحيـث يمكن زراعة الأرض أكثر من مرة في السنة في المناطق الجافة.

توقيت صيفي

تقديم الزمن 60 دقيقة عن التوقيت القياسي المحلي خلال أشهر الصيـف(وإعادتها إلى ما كانت عليه عند توقف العمل به) للاستفادة من ضوء النهار والعمل ساعة نشاط في بداية الدوام بدلاً عن ساعة كسل في آخره وتوفير طاقة الإنارة. وتأخذ بهذا التوقيت معظم الدول في العروض الوسطى.

تيـار بحري

حركة المياه السطحية في المحيطات في اتجاهات ثابتة أو شبه ثابتة على شكل أنهار، وتعود أسبابها إلى قوة دفع الرياح الدائمة السائدة للطبقات السطحية من المـاء، واختلاف كثافة الماء لاختلاف الملوحة ودرجـة الحـرارة، وتتـأثر حركـة التيارات بحركة دوران الأرض (تتحرك الأرض حول نفسها مـن الغرب إلى الشرق) إذ تـؤدي هـذه الحركـة إلى انحراف التيارات البحرية إلى يمين اتجاهها في نصف الكرة الشمالي، وإلى يسار اتجاهها في نصـف الكرة الجنوبي. والتيارات التي تبدأ من المياه الدافئة وتتجه نحو المناطق الباردة تسمى التيارات الدافئة مثل تيار الخليج، والتي تبدأ من المياه الباردة وتتجه نحو المناطق الحارة تسمى التيارات البـاردة مثـل تيـار لـبرادور. وتـؤثر التيارات البحريـة عـلى مناخ وموانئ المناطق التي تمر بجوارها. (شكل 30).

تيراروزا (تربة البحر المتوسط الحمراء)

وتسمى أيضاً تربة البحر المتوسط، والتربة الحمراء، وهي تربة حمراء أو يشوبها اللون الأحمر في المناطق الجيرية في حوض البحر المتوسط أو أي تربة حمراء تتكون تحت ظروف مناخ البحر المتوسط، ويعود لونها الأحمر إلى غناها بأكاسيد الحديد. وتختلف هذه التربة عن التربة الحمراء في المناطق المدارية.

تيفـــون

أعاصير تتشكل فوق المحيطات وخاصة في المناطق المدارية، وتتجه نحو اليابسة، وتتركز بدرجة رئيسة في جنوب شرق آسيا، وتهب في أواخر الصيف وأوائل الخريف، وتصحبها رياح شديدة وأمطار عواصف تسبب دمارا هائلاً لبعض المناطق الساحلية، وتضعف حدتها أي قوتها كلما توغلت في اليابسة.

حرف الثاء

ثروة حيوانية

ما يوجد في الدولة من حيوانات تربى للاستفادة من منتجات ألبانها ولحومها وغيرها، كالأبقار والأغنام والماعز والخيول ومزارع تربية الأسماك، وتربية النحل...الخ.

ثروة طبيعية

ما يوجد في الدولة أو المنطقة أو القارة من خامات معدنية وغير معدنية وغابات...الخ بحكم تكوينها الجيولوجي وأحوالها المناخية.

ثروة معدنية

ما يوجد في الدولة أو المنطقة أو القارة من خامات معدنية وغير معدنية، كالحديد والنحاس والألمنيوم والرصاص.. والبترول والفوسفات والفحم..الخ، بحكم تكوينها وتاريخها الجيولوجي.

ثقب أسود

نجم في مرحلة حياة نهائية (هرمة)، وهي إحدى مراحل تطور النجوم، وبها يصبح النجم ذا كثافة عالية جداً بحيث تزداد الجاذبية، فيمسك كل شيء حتى الإشعاعات الكهرومغناطيسية (الضوء) ومن ثم لا يمكن رصدها، ومن ثم لا يمكن رؤيتها وإنما يلاحظ اختفاء أي جسم يقترب منه، وبذا سُمي الثقب الأسود.

ثلـج

من أنواع التساقط ، وهو عبارة عن ذرات من بخار الماء المتكثف المتجمد نتيجة لهبوط درجة الحرارة إلى ما دون نقطة التجمد، ويسقط الثلج على شكل بلورات أو على شكل نتف (يشبه زغب الريش). وقد ينصهر الثلج أثناء سقوطه فيصل إلى الأرض على شكل أمطار، وأكثر المناطق تعرضا لسقوط الثلج المناطق القطبية والعروض العليا.

ثورة خضراء

الزيادة في إنتاج الوحدة المساحية الزراعية عن طريق استخدام البذار المحسن والأسمدة والمبيدات والدورات الزراعية.

ثورة ديموغرافية

الزيادة الكبيرة في عدد السكان، والناتجة عن الزيادة في عدد المواليد والتناقص في عدد الوفيات، وذلك بسبب تحسن الأحوال الصحية والاجتماعية والاقتصادية للسكان.

ثورة صناعية

اسم أطلق على الفترة ما بين منتصف ونهاية القرن الثامن عشر، والتي تم خلالها اختراع العديد من الآلات التي حلت تدريجياً محل القوى العاملة.

ثيرموسفير / الطبقة الحرارية / ايونوسفير

الطبقة العلوية (الرابعة) من الغلاف الجوي، وتمتد فوق طبقة ميزوسفير ويصل سمكها إلى عدة مئات من الكيلومترات، وكثافة الهواء بها قليلة جداً، ومعظم الغازات بها توجد على شكل أيونات، وخاصة القسم العلوي منها، وقد تصل درجة الحرارة بها إلى 1500 درجة سيلسيوس (مئوية)، ولتركيب الهواء بها تأثير مباشر على الاتصالات اللاسلكية. (شكل 46).

ثيرموغراف / راسم درجات الحرارة

جهاز يسجل درجات الحرارة على مدار الساعة، حيث يتم رسم خط بياني يبين درجات الحرارة، ولفترة قد تبلغ أسبوعاً.

ثيرموميتر

أداة لقياس درجة الحرارة، بدرجات سيلسيوس (المئوية) أو الفهرنهايتية، ويستخدم فيه الزئبق أو الكحول في أنبوب زجاجي مغلق له مستودع صغير.

حرف الجيم

جبال / المرتفعات الجبلية
المناطق من سطح الأرض التي ترتفع عما حولها وهي أعلى من التلال، وتتفاوت في ارتفاعها ووعورتها وانحدار سفوحها، وتوجد الجبال عادة على شكل سلاسل جبلية، وتختلف الآراء في مقدار الارتفاع الذي يطلق عليه تسمية جبل ومنها 600 م و 1000 م. (شكل3، شكل 52)

جبال التوائية
جبال تكونت بفعل الحركات الالتوائية في قشرة الأرض مثل: جبال هيمالايا، والأطلس، والألب. وفي معظم الحالات تشكل هذه الجبال الطيات المحدبة للالتواء، والأودية الطيات المقعرة منها.

جبال انكسارية / صدعية
كتلة أو كتل جبلية تكونت بفعل الانكسار إما باندفاعها إلى مستوى أعلى أو هبوط ما حولها، وتحدها من جانبيها أو من جانب واحد حافة انكسارية، مثل جبال البحر الأحمر.

جبال بركانية
جبل أو جبال تكونت بفعل البراكين أو على الأقل تأثرت بحدوث البراكين، مثل جبل العرب في سوريا وجبال اليمن.

جبال ثلجية عائمة
كتل ضخمة من الجليد انفصلت عن الثلاجات أو الأنهار أو الأرصفة الجليدية عند نهايتها، وطفت فوق مياه المحيط وتتحرك باتجاه العروض الدنيا، ويظهر نحو سدس الجبل الجليدي فوق سطح الماء، ويتضائل حجم هذه الجبال عامة بفعل الانصهار والحت والتمزق.

جبـل طـارق (مضيق)

ممر مائي طبيعي يصل بين المحيط الأطلسي غرباً والبحـر المتوسـط شرقـاً، طولـه 53 كم وعرض مدخله الغربي 38.5 كم، وعرض مدخله الشرقي 21 كم، وعـرض أضيـق جهاتـه 12 كم، والملاحة فيه سهلة لخلوه من الجزر والشعب المرجانية، تطل عليه مـن الشـمال إسبانيا ومنطقة جبل طارق التي تـديرها بريطانيـا، وتطل عليه المملكة المغربيـة مـن الجنوب، ويحمل اسم القائد العربي فاتح الأندلس طارق بن زياد.

جبهـة مقفلة / منتهيـة

تنتج هذه الجبهة عندما يصبح المـنخفض الجـوي محاطـاً بهـواء بـارد مـن جميـع الجهات، تبعاً لاختلاف سرعة الهواء البارد (أو الجبهة الباردة) عن سرعة الهواء الـدافئ (أو الجبهة الدافئة).

جبهـة هوائيـة

سطح أو خط هائل يفصل بين كتلتين هوائيتين أحدهما باردة والأخرى دافئة، ومـن ثم تختلفان في درجة الحرارة والرطوبة النسبية وسرعـة الريـاح، وهـذا السـطح أو الخـط الفاصل منطقة انتقالية ومنطقة تفاعل بـين الكتلتـين، كونهـا ناتجـة عـن اختلاط الأجـزاء المتجاورة منها، ومن ثم فهي منطقة اضطرابات وتقلبات مستمرة. (شكل 9، شكل10).

جبهة هوائية باردة

يتحرك فيها الهواء البارد خلف الهواء الساخن ويدفع الهواء البـارد الهـواء السـاخن إلى أعلى. وتمثل هذه الجبهة في خرائط الطقس باللون الأزرق. (شكل 10).

جبهة هوائية دافئة / ساخنة

يتحرك فيها الهواء الساخن خلف الهواء البارد فيرتفع إلى أعلى، وتمثل هـذه الجبهـة في خرائط الطقس باللون الأحمر. (شكل 9).

جـرانيت

صخر ناري حامضي ذو ألوان متعددة، ومظهر حبيبي وبلوراته خشنة وهو أصلب الصخور وأشدها مقاومة وأكثرها انتشاراً وشيوعاً على الأرض، ويغلب فيه السليكا (الكوارتز والفلسبارات).

جريان جدولي

جريان مياه الأمطار في جداول (قنوات) ومجار مائية صغيرة (مسيلات) واضحة المعالم.

جريان سطحي

جميع المياه التي تجري على سطح أو وجه الأرض سواء أكان الجريان على شكل جداول أو مسيلات أو غشائي (صفيحي) وذلك بعد سقوط الأمطار، وتزداد كمية الانسياب وسرعته تبعاً لكمية الأمطار ونوع التربة والغطاء النباتي والانحدار.

جريان غشائي

جريان مياه الأمطار على سطح الأرض على شكل طبقة رقيقة متصلة (غشاء) غير محصورة في مجار أو قنوات محددة، ويكون ذلك عادة في المنطقة السهلية، وخاصة القيعان.

جَـزِر انظر مد وجزر.

جزيرة

قطعة من الأرض (اليابسة) تحيط بها المياه من جميع الجهات، سواء أكان ذلك في المحيطات أو البحار أو البحيرات أو الأنهار. وتتكون الجزر بعدة طرق، فقد تكون بركانية، أو مرجانية، أو إرسابية، أو تكونت بفعل العوامل التكتونية. (شكل 52).

جزيرة حرارية

ارتفاع درجة الحرارة في المدن والمدن الصناعية الكبيرة، لوجود المصانع والمساكن المرتفعة ووسائل النقل، مما يؤثر في درجة الحرارة والرطوبة في المدينة، ومن ثم تختلف في ذلك عن المناطق المجاورة لها.

جغرافيا

علم يدرس (أو يصف) ظواهر سطح الأرض الطبيعية والبشرية، ويشمل سطح الأرض والقشرة الأرضية والغلاف الجوي.

جغرافيا بشرية

الجغرافيا التي تدرس الظاهرات الموجودة على سطح الأرض ولها ارتباط مباشر بالإنسان أو نشاطه، ومن فروعها: الجغرافيا الاقتصادية، والجغرافيا السياسية، والجغرافية الاجتماعية، والجغرافيا الطبية، والجغرافيا العسكرية، وجغرافية السكان، وجغرافية المدن وجغرافية النقل.

جغرافيا سياسية

فرع من فروع الجغرافيا البشرية يعنى بدراسة الظواهر السياسية والدول وعلاقاتها الداخلية (الإدارية) والخارجية، والعلاقة بين العوامل الجغرافية والوحدات السياسية.

جغرافيا طبيعية

العلم الذي يدرس جغرافيا الظاهرات الطبيعية على سطح الأرض، كالتضاريس والتربة والصخور وأشكال سطح الأرض والبحار والمحيطات والغلاف الجوي. وأهم فروعها: الجيومورفولوجيا، والمناخ، وجغرافيا المياه، والجغرافيا الحيوية.

جغرافيا عسكرية

فرع من الجغرافيا التطبيقية، وتخصص جغرافي يُعنى بجميع المؤثرات الطبيعية والبشرية على السياسات العسكرية، والخطط والبرامج والعمليات القتالية والتدريبية على مختلف المستويات.

جفـاف

احتباس الأمطار أو قلة تساقطها لفترة من الزمن قد تمتد عدة سنوات.

جنـدل

صخور صلبة تعترض مجرى نهر يجري في منطقة صخور لينة، ومن ثم تكـون عقبـة في المجرى، كونها مقاومة بدرجة أكبر للنحت والتعرية من الصخور اللينة وانحدارها ليس فجائياً، ويجري فيها ماء النهر بسرعة أكبر، مثل: جنادل أسوان على نهر النيل.

الجنوبي (المحيط)

يطلق هذا الاسم على المساحة المائية المحيطة بالقارة القطبية الجنوبية (انتاركتيكا) ويشمل الأجزاء الجنوبية من المحيط الهادي والأطلسي والهندي. (شكل 49).

جيوبولتيـك

دراسة العوامل الجغرافية (طبيعة وبشرية) والاقتصادية المؤثرة في سياسات الـدول. ويتألف المصطلح من المقطع جيو ويعني الأرض وبولتيك ويعني سياسة.

جيولوجيـا

العلم الذي يدرس تاريخ وتركيب الأرض، ويشـمل ذلك المـواد التـي تتألف منهـا الأرض، والحركات المؤثرة بها والأشكال الناتجة عنها، وتوزع الصخور في القشرة الأرضية، وتاريخ الأرض وما عليها من نبات وحيوان في العصور المختلفة، ومن فروعها: الجيولوجيا الطبيعية وتشمل علم المعادن والصخور، والجيومورفولوجيا (علم أشكال سطح الأرض)، والجيولوجيا التاريخية وتشمل علم الطبقات والبنية الجيولوجية وعلم الحفريات. وكلمـة جيولوجيا مشتقة من جيو Geo بمعنى الأرض، ولوجي أو لوجـوس Logy, Logos بمعنـى علم وذلك في اللغة اليونانية القديمة (الإغريقية).

جيومورفولوجيا

علم أشكال سطح الأرض، ويعنى بدراسة مظاهر سطح الأرض من حيث النشأة ومراحل التطور، وعوامل التعرية والإرساب المختلفة.

حت /نحت / تحات

تآكل سطح الأرض بفعل العوامل الطبيعية ، أهمها المياه الجارية والأمطار، والجليد، والرياح، ولهذه العملية أثر كبير في تشكيل معالم سطح الأرض.(شكل 16).

حت مائي

تآكل سطح الأرض بفعل المياه الجارية والمتحركة كالأنهار والبحار والأمطار، وتؤثر هذه العملية في تشكيل معالم سطح الأرض، وخاصة في المناطق الجبلية والهضاب. (شكل 16).

حجم أمثل للسكان

نظرية تربط بين عدد السكان وحجم موارد الدولة الاقتصادية، ومؤشرها نصيب الفرد من الدخل القومي، فاستمرار نصيب الفرد من الدخل القومي بالزيادة مؤشر على أن الإقليم لا يشكو من كثرة السكان، وتناقص نصيب الفرد من الدخل القومي مؤشر على أن الإقليم بدأ يزدحم بالسكان.

حدود

خطوط معينة تفصل بين الدول، أو الوحدات الإدارية، أو الوحدات الطبيعية، وبصورة عامة هي ما تفصل أي جسم عن محيطه.

حدود إدارية

الخطوط التي تفصل بين الوحدات الإدارية ضمن الدولة، كالحدود بين الولايات، المحافظات، الألوية..الخ، حسب الاسم الذي تطلقه الدولة على هذه الوحدات وتحدد بهدف تسهيل إدارة شؤون الدولة، وتقديم الخدمات فيها.

حدود سياسية

خطوط قد تكون موقعة على أرض الواقع، وتلك التي ترسم على الخرائط، لتفصل بين الدول، وتسود القوانين والأنظمة في الدول ضمن حدودها، حيث يبين الحد نهاية سيادة دولة وبداية سيادة دولة أخرى، وتؤثر الحدود السياسية على أنشطة الإنسان، وعلى المظهر الحضاري للأرض.

حراثة كنتورية

الحراثة مع خط التساوي (الكنتور) وهو الخط الذي يصل بين المناطق التي تتساوى فيها قيم الارتفاع عن سطح البحر، وتتم هذه الحراثة (ويوصى بها) عند زراعة السفوح المنحدرة للجبال والتلال، وذلك للحد من انجراف التربة من على السفوح.

حرارة صغرى

أدنى درجة حرارة تسجل في اليوم، وتبلغ درجة الحرارة في أدناها قبل شروق الشمس بوقت قصير. ودرجة الحرارة الصغرى المطلقة في فترة محددة (شهر أو سنة) أدنى درجة تسجل خلال هذه الفترة.

حرارة عظمى

أعلى درجة حرارة تسجل في اليوم، وتصل درجة الحرارة أعلاها بعد الظهر. ودرجة الحرارة العظمى المطلقة في فترة محددة (شهر أو سنة) أعلى درجة حرارة تسجل خلال هذه الفترة.

حرَّة

سطوع خشنة سوداء تكونت من المواد المنصهرة والمقذوفات والاندفاعات البركانية (اللابة أو اللافا)، وهي وعرة شديدة التضرس، مثل حرة المدينة المنورة، وحرة بادية الشام التي تمتد من جنوب شرق سوريا حتى الأراضي السعودية مارة بقسم من الأردن.

حركات أرضية

القوى الباطنية التي تصيب القشرة الأرضية، وما ينشأ عنها من هبوط وارتفاع واضطراب وانكسار والتواء، والحركات الأرضية بطيئة كالارتفاع والهبوط، وسريعة أو فجائية كالبراكين والزلازل.

حركات التوائية

حركات أرضية باطنية نتيجة لعوامل الضغط والشد تحدث في طبقات الصخور الرسوبية اللينة، ينتج عنها تكون الجبال، مثل: جبال الألب وجبال الأطلس، وجبال بلاد الشام وجبال الهيمالايا.

حركات جيولوجية

الحركات التي تصيب القشرة الأرضية وتؤدي إلى تشكيل الظواهر التضاريسية الكبرى، وتشمل الحركات الجيولوجية: الحركات الإلتوائية والحركات الانكسارية (الصدعية).

حـزام أخضـر

الأشجار والشجيرات والنباتات الرعوية التي تزرع على شكل أشرطة متوازية في المناطق المعرضة لزحف الصحراء، ولوقف أو الحد من زحف الرمال.

حشائش

نباتات ليس لها سيقان خشبية، وليست معمرة كالأشجار، ويطلق مصطلح أعشاب على جميع الأشكال النباتية غير الخشبية.(شكل 22).

حشائش مدارية / سافانا

الغطاء النباتي من الأعشاب الذي ينمو ويوجد في المناطق المدارية ودون المدارية في نصفي الكرة الأرضية، وينحصر بين مناطق الغابات الاستوائية والصحاري الحارة، حيث يوجد فصل جاف يحول دون نمو الغابات بصورة عامة، وأوسع امتداد لحشائش السافانا يوجد في أفريقيا، وتعتبر حشائش (مناطق) اللانوس والكامبوس في أمريكا الجنوبية أمثلة

خاصة لأعشاب السافانا. وحشائش السافانا من أحسن مراعي العالم. (شكل2، شكل 22، شكل 32).

حشائش مناطق معتدلة انظر استبس .

حضارة

خصائص ومقومات شعب أو منطقة في المجالات الفكرية والثقافية والاقتصادية والفنية والاجتماعية والتقنية.

حفر إذابة/ بالوعات

فجوات (حفر) توجد في سطح الأرض في مناطق الصخور الجيرية والطباشرية، تنشأ نتيجة لعملية الإذابة التي تحدث في هذه الصخور بفعل الأمطار، وتنفذ الأمطار داخل هذه الحفر وتجري في مجرى جوفي.

حفرة الانهدام انظر اخدود.

حقل بترول

مجموعة آبار بترول تستمد بترولها من مصدر جوفي واحد.

حمَاد (حمَادة)

هضاب تتألف من السطوح الصخرية المرتفعة في المناطق الصحراوية، أزالت الرياح عنها تماما ذرات التراب والرمال. ويمتد الحماد (الحمادة) في الصحراء الكبرى من جنوب المغرب عبر الجزائر وتونس إلى ليبيا، وفي بادية الشام من جنوب شرق سوريا وشرق الأردن وغرب العراق إلى شمال السعودية.

حماية جمركية

فرض الدولة ضرائب جمركية على المواد والسلع المستوردة من الخارج بأنواعها مقابل السماح بدخولها للبلاد، مما يرفع سعرها حتى تحد من منافستها للسلع المحلية. وتكون الضرائب الجمركية عادة أعلى من الضرائب المفروضة على المواد والسلع المحلية.

حمولـة رعويـة

التوازن بين عدد الحيوانات في منطقة رعوية، وقدرة هذه المنطقة على توفير الغـذاء الكافي لإعداد هذه الحيوانات فيها، فـإذا زادت أعداد الحيوانـات عـن القـدرة الإنتاجيـة للمنطقة الرعوية أدى ذلك إلى ما يعرف بالرعي الجائر، والـذي بـدوره يـؤدي إلى التصحر لتناقص الغطاء النباتي.

حـوض تذريـة

حوض طبوغرافي صغير قامت الرياح بتذرية كل المواد الدقيقة التي تغطي سـطحه وعرّته من هذه المكونات، وتوجد أحواض التذرية عادة في المناطق التي يسود فيها المنـاخ الجاف.

حوض تصريف مائي

منطقة تصرف إليها جميـع ميـاه الأمطار السـاقطة عليها (عـدا مـا يفقـد بالتبخر والتسرب إلى باطن الأرض) إلى نهر أو مجرى مائي واحد. وقد يكون حوض التصريف لمجرى أو لسيل أو رافد أو للنهر بكامله.(شكل 11).

حرف الخاء

خارطـة / خريطـة

تمثيل إصطلاحي أو رمزي لسطح الأرض الكروي أو جزء منه على سـطح مسـتو مثل: الورق أو القماش أو الخشب...الخ، لتوضـيح وإظهـار معـالم معينـة طبيعيـة أو بشرية أو غيرها، وفق مقياس رسم معين ومسقط معين. واصل الكلمة مـن اللاتينيـة كارتـا (Carta) أي ورقـة، واسـتخدم الجغرافيـون العـرب قـديما مصـطلح "صـورة" ويستخدم مصطلح مصوّر عند بعض الجهات العلمية.

خارطـة سياسيـة

خارطة تبين الدول سواء أكانت على مسـتوى العـالم أو منطقـة مـا، وتـبرز بهـا الحدود والعواصم والمدن المهمة والمسطحات المائية وبعض الأنهر.

خارطـة صمـاء

خارطة لم يوقع (يكتب) بها أسـماء المعـالم التـي تحتويهـا وقـد تكـون خارطـة طبيعية أو بشرية، أو اقتصادية أو جيولوجية...الخ. وتسـتخدم لإيضـاح فكـرة معينـة بتوقيع معلومات إضافية عليها.

خارطـة طبيعيـة

خارطة تبين المعالم الطبيعية للمنطقة المرسومة لها مـن تضـاريس ومسـطحات ومجـاري مائيـة...الـخ، وقـد تبـين موضـوعا أساسـيا واحـداً أو أكـثر، مثـل: الخارطـة الجيولوجية والجيومورفولوجية والتربة، والمناخ والطقس...الخ.

خارطـة طقـس

خارطة تمثل حالة الطقس (الجو) في منطقة معينـة وفي وقـت معـين أو سـاعة محددة، وتستمد معلوماتها من تقارير محطـات الرصـد الجـوي في منـاطق مختلفـة وضمن الدول التي تمثلها الخارطة. وتستخدم خرائط الطقس للتنبؤ بالأحوال الجويـة أيضاً.

خارطــة كنتوريــة

خارطة تظهر عليها خطوط الكنتور (المناسيب) للمعالم الطبيعية والتي تبين الارتفاعات عن مستوى سطح البحر. (راجع خط الكنتور/ المناسيب).

خامات

مادة أو مواد في حالتها الطبيعية، وتكون عادة غير نقية تختلط بمواد أخرى، مثل النحاس والحديد والفوسفات والبوتاس والبترول والغاز...الخ إضافة للخامات الحيوانية والنباتية المنشأ، والخام أو الخامات في الصناعة: المواد الأولية التي تستخدم في الصناعة لتحويلها إلى سلع ومواد قابلة للاستخدام، ومن ثم تشمل المواد المصنعة جزئياً أو نصف المصنعة، كبعض مشتقات البترول التي قد تستخدم في صناعات أخرى كالبلاستيك والمطاط.

خامات غير فلزية

الخامات غير المعدنية (انظر خامات فلزية)، ومن ثم غير موصلة للكهرباء والحرارة وغير قابلة للسحب (التشكل) والطرق...الخ، مثل: الفوسفات والنفط والغاز، وخامات الإسمنت، والبازلت، والبوتاس، والأملاح...الخ.

خامات فلزية / معدنية

الخامات التي تتميز ببريق معدني، وقابلة للسحب والطرق (التشكل) وموصلة للحرارة والكهرباء، مثل: النحاس، الحديد، الذهب، الفضة المنغنيز...الخ.

خــانق

الاصطلاح بمعناه الواسع يدل على كل فتحة ضيقة أو شق ضيق بين جبلين، ومفهومه الخاص يعني أجزاء ضيقة وعميقة من وادي النهر ذات الانحدارات الشديدة شبه العمودية، وتوجد عادة في مجرى النهر في المناطق الجبلية كما في جبال روكي وسيرانيفادا، والأودية التي تنتهي في البحر الميت في الأردن. ويعود وجودها إلى شدة الانحدارات، وهبوط مستوى الأساس للأودية. (شكل 15، شكل 52).

خدمات صحية

الرعاية الصحية للمواطن، وتشمل المستشفيات والمصحات والمراكز الصحية والعيادات والطب العلاجي والوقائي...الخ، وما يتبعه ذلك من أطباء وصيادلة وممرضات وأدوية.

خدمات عامة

ما يقدم للمواطن من مياه وكهرباء وهاتف، وخدمات صرف صحي وطرق.

خرائط أطالس

خرائط تحتويها الأطالس بأنواعها، وتتميز بأنها ذات مقياس رسم صغير غالباً لكبر المساحات التي تغطيها، ومن ثم تكون تفاصيلها الطبيعية والبشرية قليلة، كما تتنوع غالباً الخرائط ضمن الأطلس الواحد بحيث قد تغطي معظم إن لم يكن كل أنواع الخرائط، ومن الأطالس: الأطالس المدرسية، وأطالس الدول، والأطالس العالمية.

خرائط اقتصادية

الخرائط التي تتناول موضوعاً أو أكثر من المواضيع الاقتصادية، مثل: المناطق الصناعية، الثروة المعدنية، خطوط انسياب السلع، التجارة...الخ.

خرائط توزيعات

وتسمى أيضاً خرائط الموضوع أو الخرائط الموضوعية، وهي خرائط تعنى بإظهار موضوع معين أو ظاهرة معينة (أو أكثر)، مثل: خرائط السكان، النبات، التربة، التلوث، المعادن، الصناعة، الزراعة...الخ.

خرائط جيولوجية

الخرائط الخاصة بعلم الجيولوجيا، إذ تبين أنواع وتوزع الصخور وأعمارها حسب العصور الجيولوجية، والبنية الجيولوجية، والالتواءات والانكسارات (انظر جيولوجيا).

الخرائط حسب مقياس الرسم

تقسم الخرائط بصورة عامة حسب مقياس الرسم إلى:

1- خرائط صغيرة المقياس: وتعتبر غالباً الخرائط التي مقياس رسمها 250,000 فاصغر، ولا يسمح هذا المقياس بإظهار التفاصيل الدقيقة للظاهرات الجغرافية (البشرية والطبيعية) لأنها تمثل مساحة واسعة من الأرض، وتظهر عليها المعالم الجغرافية الكبرى، مثل: المدن الكبرى والأنهار الكبرى، والدول والحدود...الخ.

2- خرائط متوسطة القياس: ومقياس رسمها 1: 50,000 ، 1: 100,000، ويلحق البعض بها 1:25,000 وتسمح هذه المقاييس بإظهار التفاصيل الدقيقة للظاهرات الجغرافية (البشرية والطبيعية)، بما فيها خطوط الكنتور والمدن والقرى والطرق...الخ.

3- خرائط كبيرة المقياس: الخرائط التي مقياس أكبر من 1: 25,000، وتسمح هذه المقاييس بإظهار تفاصيل دقيقة ومفصلة عن الظواهر الجغرافية، تصل إلى حد البيوت والمجاري المائية الصغيرة، والحدود الإدارية، ومنها خرائط ملكيات الأراضي.

خرائط طبوغرافية

خرائط تبين معظم أو كل مظاهر سطح الأرض بتفاصيلها الطبيعية فيها، مثل التضاريس والأنهار والغابات والمسطحات المائية...أو البشرية والصناعية مثل المدن والطرق والقنوات والمزروعات...الخ، وتحتوي على خطوط الكنتور (المناسيب) وذلك بمقياس رسم معين، غالباً ما يتراوح ما بين 1: 100,000 إلى 1: 25,000، وبمسقط معين. ويمكن قياس المسافات والارتفاعات من مثل هذه الخارطة.

خرائط عامة

الخرائط التي يمثل فيها أكبر عدد من الظاهرات البشرية والطبيعية، ويتوقف عدد هذه الظاهرات على مقياس رسم الخارطة، إذ كلما كبر مقياس الرسم أمكن توقيع عدد أكبر من الظاهرات، ومن الخرائط العامة: الخرائط الطبوغرافية، وخرائط الأطالس.

خسوف

احتجاب جزء أو كل ضوء القمر وذلك عندما تقع الأرض بين الشمس والقمر، ولا تحدث هذه الظاهرة إلا عندما يكون القمر بدرا وفي مواجهة الأرض، ويكون الخسوف جزئياً إذا احتجب جزء فقط من ضوء القمر، وكليا إذا احتجب ضوء القمر تماماً، ويدوم الخسوف الكلي نحو ساعتين أحياناً. (شكل 24).

خصوبة سكانية

عدد الولادات في عام لكل 1000 امرأة في سن الإنجاب 15-45 سنة (15 -49 في بعض الدول).

خط الاستواء

دائرة وهمية تحيط بالكرة الأرضية في منتصف المسافة بين القطب الشمالي للأرض والقطب الجنوبي، وهو أطول محيط أو أكبر دائرة عرض في الكرة الأرضية، ويبلغ طوله نحو 25,000 ميل (40,076 كم) وهو دائرة العرض "صفر". (شكل 13، شكل 49).

خط التاريخ الدولي / التوقيت الدولي

الخط الوهمي الذي يتبع بصورة عامة خط الطول 180 درجة (شرقا أو غرباً)، إذ ينحرف في بعض جهاته وخاصة في جزر معينة لتوحيد التوقيت والتاريخ في مجموعة الجزر المتقاربة، ومن يعبر هذا الخط من الشرق نحو الغرب يكسب يوماً، أي إذا عبر من الشرق يوم الأحد يجد أنه بعد عبور الخط في يوم السبت. ويحدث العكس لمن يعبره من الغرب إلى الشرق، فإذا عبر يوم الأحد يجد نفسه أنه في يوم الاثنين، أي خسر يوماً.

خط تقسيم المياه

خط وهمي يفصل بين حوضي تصريف نهري أو حوض تصريف مغلق، ويمر الخط بأعلى جزء (نقاط) من المرتفعات، وتنحدر المياه في اتجاهين مختلفين. وهذه الخطوط ليست ثابتة بل تتغير على مدى الزمن نتيجة لعوامل التعرية والحت التي تحدث أو لحدوث أسْر نهري. (شكل 11).

خط طول

ويسمى أيضاً قوس الطول، أو نصف إحدى الدوائر العظمى التي تمر بالقطبين وتقطع خط الاستواء، أي أن خط الطول يمتد بين القطب الشمالي والقطب الجنوبي. وتقسم خطوط الطول إلى 180 درجة شرق غرينتش و 180 درجة غرب غرينتش، وخط طول 180 شرقا هو نفسه خط طول 180 غربا. وتقسم كل درجة إلى 60 دقيقة وكل دقيقة إلى 60 ثانية. ونظرا لأن خطوط الطول تلتقي في القطب الشمالي وفي القطب الجنوبي ولكروية الأرض، تبلغ المسافة بين درجتي طول عند خط الاستواء 69 ميلا (111 كم)، وعند خط عرض 30 درجة شمالا أو جنوبا 60 ميلا (96.56 كم)، وعند خط عرض 60 درجة شمالا أو جنوبا نحو 34.6 ميلا (55,7كم)، وعند خط عرض 80 درجة شمالا أو جنوباً 12 ميلاً (19.3 كم)، وعند القطب صفر.(شكل 13).

خط عرض انظر دائرة عرض.

خط غرينتش

هو خط الطول "صفر" ويمتد بين القطب الشمالي والقطب الجنوبي، وتقاس خطوط الطول شرق أو غرب غرينتش من صفر إلى 180 درجة، واتفق على ذلك دولياً عام 1884م. وسمي بهذا الاسم لأنه يمر بمرصد غرينتش في لندن، ومنه التوقيت الدولي المعروف بتوقيت غرينتش. (تم نقل مرصد غرينتش إلى مكان آخر وبقى دوره دون تغيير من حيث المواقع).

خطة تنمية

عملية تخطط وتنفذ من قبل الدولة على مستوى الوطن أو الإقليم أو المنطقة، من أجل تطوير موارد الدولة الاقتصادية والاجتماعية وزيادة الإنتاج خلال فترة زمنية محددة.

خطة تنمية إقليمية

خطة شاملة لمنطقة معينة، قد تشمل إقليم أي منطقة بعينها في الدولة أو وحدة إدارية أو أكثر من وحدة إدارية، وتهدف إلى تنمية هذا الإقليم بسد

احتياجاته ومعالجة المشكلات التي تواجهه، ويشارك بها القطاعان العام والخاص.

خطة تنمية وطنية

خطة شاملة على مستوى الوطن (الدولة)، ويتشارك بها القطاعان العام والخاص، وتشمل جميع القطاعات الاقتصادية، للنهوض بالوضع الاقتصادي والاجتماعي فيها.

خطوط الأساس (كنتور) انظر كنتور.

خطوط الأعماق المتساوية

الخطوط التي تصل بين الأجزاء (النقاط) المتساوية في أعماقها في البحار والبحيرات والمحيطات، وتماثل في ذلك خطوط الكنتور (المناسيب) على سطح اليابسة، هذا وتعتبر خطوط الأعماق أيضاً خطوط كنتور بالمفهوم العام.

خطوط الحرارة المتساوية

الخطوط التي تصل بين الأماكن التي تتساوى فيها درجة الحرارة في وقت معين، أو يتساوى فيها معدل الحرارة في فترة معينة كشهر أو سنة بعد تعديلها لمستوى سطح البحر.

خطوط الضغط المتساوية

الخطوط التي تصل بين الأماكن التي يتساوى فيها الضغط الجوي في وقت معين، أو معدل الضغط في فترة معينة. (شكل 25).

خطوط الكنتور انظر كنتور.

خطوط إنتاج

تنظيم للعمليات الصناعية تم التوصل إليه في أوائل القرن العشرين، وبها تتم صناعة المنتج الواحد بطريقة متتابعة ومتصلة من بداياتها إلى نهايتها، ويكون لكل عامل واجب (عمل) محدد يقوم فيه، وينتج عن ذلك انخفاض عدد العمال وزيادة إنتاجية العامل.

خطوط تساوي

خط أو خطوط ترسم على الخرائط تصل بين الأماكن التي تتساوى فيها قيم ظاهرة أو عنصر معين، كخطوط تساوي الضغط وخطوط تساوي الحرارة، وخطوط الكنتور (المناسيب)...الخ. (شكل 20).

خليـــج

جزء أو قسم من بحيرة أو بحر أو محيط تحيط به اليابسة من جميع الجهات عدا جهة واحدة، مثل: الخليج العربي، خليج العقبة، خليج السويس، خليج المكسيك. (شكل 49، شكل 52).

الخليج (تيـار)

تيار بحري دافئ يبدأ من خليج المكسيك ويتجه نحو الشمال الشرقي مارا بالسواحل الشرقية للولايات المتحدة حتى يصل غرب وشمال غرب أوروبا (ويسمى هنا بتيار الأطلسي الشمالي)، ويصل تأثيره حتى إيسلندا وشمال اسكندنافيا وسواحل شمال غرب روسيا. وهو من تيارات المحيط الأطلسي الشمالية. (شكل 30).

خماسين (ريـاح)

رياح محلية حارة محملة بالأتربة والغبار تهب من الصحراء الكبرى على مصر ـ وخاصة القسم الجنوبي منها، وتهب في الفترة من نيسان (إبريل) إلى حزيران (يونيو)، وتأتي في مقدمة الانخفاضات الجوية التي تتجه شرقا على طول البحر المتوسط. ورغم أن اسمها يشير لفترة هبوبها إلا أنها لا تستمر بشكل متواصل إلا بضعة أيام ثم تتوقف لتعود ثانية. (شكل 17).

حرف الدال

دائرة عرض / خط عرض

دائرة ترسم على الخرائط حول الكرة الأرضية توازي خط الاستواء، ويصغر محيط الدوائر بالابتعاد عن خط الاستواء شمالاً وجنوباً حتى يصل إلى نقطة عند القطبين، والعدد الكلي للدوائر 180 دائرة (درجة) 90 دائرة منها شمال خط الاستواء، و90 جنوبه، ويعتبر كل قطب خط عرض صفر، والمسافة بين خطي العرض نحو 111 كيلومتر (69 ميلاً) وتقسم كل درجة إلى 60 دقيقة وتقسم كل دقيقة إلى 60 ثانية. (الشكل 13).

الدائرة القطبية الجنوبية

هي خط عرض 66.5 درجة جنوب خط الاستواء (66 رجة 32 دقيقة جنوباً)، ونتيجة لميل محور الأرض لا تغرب الشمس لمدة يوم كامل (24 ساعة) في يوم 12/22 (22 كانون الأول) من كل عام، ولا تشرق لمدة يوم كامل 24 ساعة) يوم 6/21 (21 حزيران) من كل عام.

الدائرة القطبية الشمالية

هي خط عرض 66.5 درجة شمال خط الاستواء (66درجة و 32 دقيقة شمالاً)، ونتيجة لميل محور الأرض لا تغرب الشمس لمدة يوم كامل (24 ساعة) في المناطق التي تمر بها الدائرة وذلك يوم 6/21 (21 حزيران) كل عام، ولا تشرق لمدة يوم كامل (24 ساعة) يوم 12/22 (22 كانون الأول) من كل عام.

دبـــال

مواد عضوية نباتية أو حيوانية متحللة جزئياً أو كلياً في التربة، وسوداء اللون في التربة العادية، وقد يكون الدبال موجوداً في التربة بشكل طبيعي كما في أراضي الغابات، أو يضاف إليها كالسماد الطبيعي (مخلفات الحيوانات والدواجن)، وللدبال دور هام في خصوبة التربة وزيادة إنتاجيتها.

دخـل قومـي

الدخل هو المنفعة الناتجة عن رأس المال، والدخل القومي للدولة هو مجموع قيم كل السلع المنتجة، وكل الخدمات المقدمة في وحدة زمنية محددة تكون عادة سنة.

دراسـة ميدانيـة

أسلوب أو طريقة لجمع المعلومات والحقائق مـن الميـدان والمتصلة بظاهرة أو موضوع معين (جغرافي أو غير ذلك)، حيث يقوم الباحث أو الدارس بزيارة المنطقة المعنية بالدراسة وأخذ الملاحظات والقياسات وتحديد العوامل وإجراء المقابلات...الخ.

درجـة حرارة

درجة سخونة الجسـم (الهـواء، التربـة...الخ) ويستخدم في قياسـها جهـاز الحرارة (ثيرموميتر)، المئوي أو الفهرنهايتي، وتتأثـر درجـة الحـرارة في منطقـة مـا حسـب الفصـول والكتل الهوائية، وبعدها عن خط الاستواء شمالاً أو جنوباً (تقل الحرارة بالابتعاد عن خط الاستواء)، وارتفاع المنطقة عن سطح البحر، وقربها أو بعدها من المسطحات المائية، وغير ذلك.

درجة حموضة التربة (Ph)

درجة تركز أيونات الهيـدروجين (PH) في التربـة، وبنـاء علـى ذلك تصـنف التربـة: حامضية أو قاعدية، وحد التعادل 7(7.2)، فإذا كان (PH) دون هذا الرقم اعتبـرت التربـة حامضية، وإذا زاد عن ذلك اعتبرت قاعدية، وتعتبر التربة صالحة للزراعة إذا كـان (PH) ما بين 5-9.

درجـة النـدى انظر نقطة الندى.

دلتـا

أرض رسوبية (فيضية) تتكون عند مصب النهـر في ميـاه البحر أو المحيط الهادئـة بعيداً عن حركات المد والجزر والتيارات البحرية الشديدة. واشتق هذا الاسم مـن الحـرف الإغريقي (اليوناني) الرابع "دلتا" ويعني "مثلث"، إذ تتخذ الدلتا

غالباً شكل المثلث (المروحة) ويتفرع بها النهر إلى عدة فروع، وقد تتكون دالات صغيرة عند مصب بعض الأنهر في البحيرات أو عند التقاء نهرين، وأراضي الدلتا خصبة، ومن أشهرها دلتا النيل، دلتا المسيسبي، دلتا البراهمابوترا..الخ. هذا وتنمو الدلتا سنوياً بفعل الإرساب النهري، ويتفاوت هذا النمو من نهر إلى آخر، إذ تنمو دلتا نهر "بو" في شمال إيطاليا بمعدل 12م/السنة، ودلتا نهر المسيسبي بمعدل 75م/السنة. (شكل 48، شكل 52).

دوران الأرض

تدور الأرض دورتين، هما: دورة حول نفسها (حول محورها) مرة واحدة كل 24 ساعة من الغرب إلى الشرق، وينتج ذلك الليل والنهار. ودورة كاملة حول الشمس تستغرق سنة شمسية (نحو 365.25 يوماً) بعكس عقارب الساعة، وينتج عن ذلك الفصول الأربعة: الصيف، والخريف، والشتاء، والربيع.

دورة الماء في الطبيعة

تمر المياه في الطبيعة بدورة ذات حلقات متصلة تفضي كل واحدة إلى الأخرى، كالآتي:

■ تتبخر المياه من المسطحات المائية (البحار والمحيطات والبحيرات) ويصعد البخار إلى الجو.

■ يتكاثف البخار بفعل البرودة مكوناً السحب التي تسوقها الرياح إلى اليابسة (أو المسطحات المائية).

■ يحدث التساقط (الأمطار والبرد والثلوج) على اليابسة (وعلى المسطحات المائية).

■ يتوزع التساقط هذا إلى:

• قسم يتبخر مباشرة أثناء التساقط.

• قسم يسيل أو يجري على سطح الأرض في الأودية والجداول ومن ثم إلى الأنهار التي تصب في البحار والمحيطات أو البحيرات والأحواض المغلقة.

• قسم يتسرب إلى باطن الأرض مكونا المياه الباطنية والتي تعود إلى السطح على شكل ينابيع (أو آبار ارتوازية يحفرها الإنسان) تغذي الأنهار

ومن ثم تعود إلى المسطحات المائية (يستخدم قسم منها في الري والاستخدامات الأخرى).

ثم تبدأ الدورة من جديد بالتبخر من المسطحات المائية. (شكل 44).

دول متخلفة

مجموعة الدول الأكثر فقراً في العالم، لا تشكل الصناعة فيها أكثر من 10% من الدخل القومي الإجمالي.

دول متقدمة

الدول المتقدمة هي الدول الأكثر نمواً وتطوراً وتصنيعاً في أقطارها، وهي دول غرب أوروبا واليابان وأستراليا ونيوزيلاندا وكندا والولايات المتحدة.

دول نامية

دول ذات مستويات اقتصادية منخفضة، تتصف بارتفاع معدلات الولادة والوفاة ووفيات الأطفال. يعمل أكثر من 50% من القوى العاملة بالزراعة، ومستوى التغذية منخفض، والدخل السنوي أقل من 1000 دولار للفرد.

دولة انظر وحدة سياسية (دولة).

دولة حاجزة / عازلة

دولة تقع بين دولتين قويتين، وتنشأ لمنع أو الحد من الاحتكاك المباشر بين الدولتين القويتين، ومن ثم تدين الدولة الحاجزة بوجودها إلى هذا الدور الحاجز الذي تقوم به، مثل: بولندا بين ألمانيا وروسيا، نيبال بين الصين والهند، بلجيكا بين فرنسا وألمانيا، علماً بأن الدول الحاجزة لم تسلم من أن تصبح مسرحاً لعمليات عسكرية ومرور الجيوش المتصارعة بأراضيها، كما حدث في بلجيكا في الحرب العالمية.

دولة حبيسة

دولة ليس لها واجهة بحرية، مثل: النمسا وهنغاريا في أوروبا، بوليفيا وبـارغواي في أمريكا الجنوبية، ومنغوليا وقيرغسـتان في آسـيا. وأوغنـدا وتشـاد في أفريقيـا، وغيرهـا مـن الدول. وتعاني الدولة الحبيسة من مشاكل الاتصال والنقل الخارجي البحري والبري، وتقوم بتوقيع اتفاقيات لاستئجار أرصفة على موانئ دول بحرية مجاورة وعقد اتفاقيات نقل عبر أراضي الغير.

دونـــم

وحدة مساحية مقدارها 1000 م^2 تستخدم في تحديـد مساحات الأراضي الزراعيـة والعقارات، والهكتار 10 دونمات (10,000 متر مربع) والكيلو متر المربع 1000 دونم.

حرف الراء

رأس المال

الثروة بأشكالها المتعددة التي تملكها الدولة أو الفرد في فترة زمنية محددة، وهي على أشكال عدة، منها:

- رأس مال ثابت: هو الذي يستخدم في الإنتاج أكثر من مرة، كالآلات والأرض.
- رأس مال متداول: هو الذي يستخدم لمرة واحدة ثم يستهلك كالفحم.
- رأس مال جاري: الأموال (النقود) الحاضرة التي تستخدم مباشرة في شراء المواد الأولية أو دفع الأجور...الخ.

رافد انظر روافد.

رسوم بيانية

أشكال هندسية أو تصويرية لإظهار دلالات الأرقام والإحصائيات بطريقة أكثر وضوحاً وأسهل تعبيراً. ومنها الأعمدة البيانية والدوائر، وقد تطورت الرسوم البيانية فأصبح يمكن رسمها بواسطة الحواسيب وبأشكال مجسمة وبسرعة كبيرة جداً.

رصد جوي

مراقبة الأحوال الجوية بعناصرها المختلفة من حرارة وضغط ورطوبة ورياح...الخ. وقياسها وتسجيلها، والمتغيرات التي تطرأ عليها في فترات وأوقات محددة، كأن تكون كل ساعة، وكل يوم، ويستخدم في ذلك محطات خاصة (محطات رصد) تحتوي أجهزة وأدوات خاصة بذلك. (شكل 6).

رصيف صحراوي

سطح مستو منبسط من الصخر الأصلي، يوجد في مناطق صحراوية مغطى بالحصى والمفتتات الكبيرة، ويتكون نتيجة لقيام الرياح بإزالة المفتتات والمواد الأدق، ومن ثم تبقى المواد التي لا تستطيع حملها، وتعرف في القسم الشرقي من الصحراء الكبرى في أفريقيا باسم "سرير" وفي القسم الغربي من

الصحراء الكبرى باسم "رِق" وتوجد الأرصفة الصحراوية في صحراء شرق اليمن وفي صحراء أستراليا وغيرها. (شكل 14).

رصيف قاري / حافة قارية

الجزء المحيط بالقارات وتغطية مياه البحر بعمق لا يتجاوز غالباً عن 200 متر (100 قامة)، وانحداره تدريجيا من خط الساحل نحو البحر، ويتفاوت عرضه من مكان إلى آخر، وقد يصل في بعض المناطق إلى 100 كم.
(شكل 45)

رطوبة

بخار الماء الموجود في الجو، والمقصود ببخار الماء هنا: جزئيات الماء الدقيقة غير المرئية، وليس الجزئيات المرئية، مثل: الضباب والسحب والأمطار إذ لا تدخل هذه الجزئيات المرئية عند قياس الرطوبة.

رطوبة مطلقة

كمية أو مقدار بخار الماء الفعلي الموجود في حجم معين من الهواء، ويعبر عنها بوزن بخار الماء هذا في المتر المكعب من الهواء (غم/م^3).

رطوبة نسبية

النسبة المئوية بين كمية بخار الماء الفعلي الموجودة في حجم معين من الهواء إلى كمية البخار اللازمة لتشبع الهواء عند نفس الدرجة. ومعادلتها كالآتي:

$$\frac{\text{كمية بخار الماء في حجم معين من الهواء} \times 100}{\text{كمية بخار الماء في الحجم المعين من الهواء عند تشبعه في نفس درجة الحرارة}}$$

إذ تختلف درجة التشبع حسب درجة الحرارة.

رعي جائر

تربية حيوانات رعوية (أغنام ومواشي) بأعداد كبيرة تفوق قدرة المراعي الإنتاجية.

رق انظر رصيف صحراوي.

رمل زجاجي

رمل أو صخور رملية ذات حبيبات من الرمل الأبيض المحتوية على مادة السيليكا بشكل نقي، وتستخدم في صناعة الألواح الزجاجية وتوجد مثل هذه الصخور جنوب الأردن على سبيل المثال.

رموز تصويرية

رموز تستخدم لتمثيل الظاهرات بحيث يوجد نوع من التوافق والمدلول بين الرمز والظاهرة، مثل: رسم طائرة للدلالة على المطار، سنبلة قمح للدلالة على مناطق زراعة القمح، شجرة زيتون للدلالة على الأشجار المثمرة، منارة للدلالة على موقع منارة...الخ.

رموز تعبيرية

رموز تجمع بين صفات الرموز التصويرية ورموز الأشكال الهندسية، كاستخدام برج النفط للتعبير عن إنتاج النفط، وبرج الكهرباء، والمطرقتين للتعبير عن المنجم.

رموز حروف أبجدية

استخدام الحروف الأبجدية للتعبير عن ظاهرات معينة، وقد توضع الحروف داخل مربعات أو دوائر أو مستطيلات، مثل استخدامها للدلالة على موقع الخامات المعدنية، أو مناطق الاستراحة والتخييم.

رموز الخرائط

الأشكال والخطوط والظلال والألوان وغيرها التي تستخدم في الخرائط للتعبير عن الظواهر والمعالم الجغرافية البشرية والطبيعية، وتثبت على الخارطة للاستدلال على ما تمثله هذه الرموز. وتسمى أيضاً مصطلحات الخرائط.

رموز خطية

تمثل الرموز الخطية الظاهرات والمعالم الجغرافية الخطية، مثل: الأنهار، السواحل، المجاري المائية، الحدود، الطرق، خطوط الكنتور وخطوط نقل البترول، الطاقة، المياه...الخ. وقد تكون متساوية السمك أو مختلفة السمك حسب أهمية الظاهرة عن غيرها، أو أهمية فروع الظاهرة نفسها كالفرق في السمك بين الحدود الدولية والحدود الإدارية، أو بين الأنهار والروافد والأودية...الخ.

رموز كمية

رموز تستخدم في الخرائط للدلالة والتعبير عن الكميات أو القيم لظاهرة أو ظواهر معينة في موضوع محدد، ومنها: الرموز النقطية، الرموز النسبية (دوائر، أعمدة، مربعات)، الرموز المساحية، الرموز الخطية الكمية (تعبر عن كميات أو قيم).

رموز مساحية

رموز تعبر عن ظاهرات تنتشر على حيز مساحي، مثل: أنماط استخدام الأرض، التكوينات الصخرية، أنواع التربة، الكثافة السكانية...الخ وقد تستخدم الألوان أو الظلال.

رموز موضعية

رموز تستخدم للتعبير عن الظاهرات المحددة الانتشار المساحي، مثل الآبار (الماء أو النفط)، المصانع، المطارات، وتستخدم في تمثيلها الرموز التصويرية أو الأشكال الهندسية، أو الرموز التعبيرية، أو الأحرف الأبجدية.

رموز نسبية

رموز تستخدم للتعبير عن قيم الظاهرة على الخرائط، سواء أكانت هذه الظاهرات تمتد على مساحة أو في موضع محدد (موضعية). وقد تكون الرموز النسبية على شكل: دوائر، أعمدة، مربعات ، مجسمات نسبية.

رموز هندسية

رموز على هيئة أشكال هندسية: كالمثلثات والدوائر والمربعات والمستطيلات تستخدم للتعبير عن ظواهر معينة، كالإنتاج والسكان...الخ.

رواسب

المواد المنقولة من مكان ما واستقرت (ارسبت) في مكان آخر، سواء بفعل الرياح أو المياه أو الجليد. (شكل 19).

رواسب فيضية

رواسب يجلبها النهر ويرسبها على جانبيه وفي دلتاه (إن وجدت)، إذ عندما يفيض النهر وتنتشر المياه على الجانبين يترسب قسم من المواد العالقة (المحمولة) مكونة طبقة من الطمي أو الغرين في كل فيضان، مكونة ما يعرف بالسهل الفيضي. (شكل 52).

روافد نهرية

أنهر ثانوية تغذي (تزود بالماء) الأنهر الرئيسة، مثل: أنهر النيل الأزرق والنيل الأبيض وعطبرة من روافد النيل، ومثل أنهر نيغرو وماديرا وبوروس وتاباجوس من روافد نهر الأمازون. (شكل 48).

روكي (جبال)

تقع في أمريكا الشمالية، وتمتد من هضبة المكسيك جنوباً إلى حدود ألاسكا شمالا مارة بغرب الولايات المتحدة وغرب كندا. وهي جبال واسعة وعريضة تتخللها أحواض وهضاب، وأعلى قممها جبل البرت وارتفاعه 4400 م، ويقع في ولاية كولورادو الأمريكية، ويعتبر بعض الجغرافيين أنها تمتد حتى ألاسكا، ومن ثم يصبح أعلى قممها جبل ماكينلي وارتفاعه 6194 مترا، ويقع في ولاية ألاسكا الأمريكية، وهي أعلى قمم أمريكا الشمالية. (شكل 17).

ري بالتنقيط

أحد أساليب الري الحديثة، ومن ميزاته توفير الماء والأيدي العاملة، إذ يتم استخدام أنابيب رئيسة من البلاستيك تتفرع منها أنابيب أصغر، بحيث يمر

الأنبوب بجانب كل شجرة أو نبتة، ويوجد عند كل نبتة فتحة يخرج منها الماء على شكل نقط مستمرة، وهكذا تأخذ النبتة كفايتها مـن المـاء، دون فقـدان قسـم بـالتبخر أو التسرب إلى باطن الأرض أو ضياعه في مناطق بعيدة عن النبتة، وتستخدم هـذه الطريقـة لري الأشجار والنباتات التي تزرع منفردة كالبندورة (الطماطم) والباذنجان والكوسا..الـخ، ولا تستخدم في النباتات التي تزرع في أحواض كالسبانخ والبقدونس...الخ.

رياح

الهواء المتحرك أفقياً بأي اتجاه أو سرعة، ويحدد اتجاه الرياح بالجهة التـي تهـب منها، فالرياح الشمالية هي التي تهب مـن الشـمال وهكـذا، وتتحـرك الريـاح عـادة مـن منطقة الضغط الجوي المرتفع إلى منطقة الضغط الجوي المنخفض، ويوجـد ريـاح فصلية ورياح يومية، أما الهواء المتحرك عمودياً فيسمى تيار. (شكل 42).

رياح فصلية

ريـاح تهـب في فصل معـين مـن السـنة، ونطاقـات محـدودة، وتنشـأ بفعـل تنـوع التضاريس وتوزع اليابس والماء، ولتنوع واختلاف المناطق التي تتكون بها تختلف في درجة الحرارة والرطوبة والاتجاه.

رياح قطبية

ريـاح دائمة تهـب من منطقتي الضـغط المرتفع القطبـي الشـمالية والجنوبيـة نحـو مناطق الضغط المنخفض عند الدائرتين القطبيتين الشمالية والجنوبية، وهي رياح شـمالية شرقية في نصف الكرة الشمالي، وجنوبيـة شرقيـة في نصـف الكرة الجنوبي. وهـي ريـاح ضعيفة شديدة البرودة، وعند التقائها بالرياح العكسية (الغربية) تتكون جبهـات هوائية فتتولد الانخفاضات الجوية والأعاصير. (شكل 42).

رياح محلية

رياح تهب في مناطق محدودة نوعاً، وفي فصول معينة من السنة ولمدة أيام معدودة غالباً يومين إلى ثلاثة، وهي ثلاثة أنواع: رياح محلية حارة ورياح محلية دافئة، ورياح محلية باردة (انظر العناوين). (شكل 17).

رياح محلية باردة

رياح محلية باردة أو شديدة البرودة، مثل: المسترال، البورا (انظر العناوين). ومن هذه الرياح "برستر الجنوبية" التي تهب على طول ساحل نيوساوث ويلز في أستراليا، وبامبيرو التي تهب على القسم الشمالي من البرازيل من الجنوب الغربي. (شكل 17).

رياح محلية حارة

تتميز هذه الرياح بأنها حارة، قد تصاحبها الرمال والغبار، مثل: الخماسين، السيروكو، السولانو، الهرمطان، الهبوب. (انظر هذه العناوين تحت الشكل سيروكو...الخ)، ومن هذه الرياح أيضاً: لِفش وتهب من الجنوب الشرقي على جنوب إسبانيا، وبريكفيلدرز وتهب على جنوب أستراليا في الربيع والصيف قادمة من وسط أستراليا، وزوندا وتهب على إقليم بتاغونيا في الأرجنتين، والقبلي وتهب على منطقة طرابلس في ليبيا قادمة من الصحراء. (شكل 17).

رياح محلية دافئة

رياح محلية دافئة وجافة، مثل: الفوهن، الشنوك، (انظر العناوين) سانتا آنا التي تهب على جنوب كاليفورنيا في الولايات المتحدة في فصلي الربيع والشتاء. (شكل 17).

رياح يومية

رياح تهب في بعض من اليوم الواحد (ليل أو نهار) نتيجة لظروف محلية خاصة، ولها آثارها المناخية الهامة على الجهات التي تحدث فيها، مثل: نسيم البحر ونسيم البر، ونسيم الجبل ونسيم الوادي. (شكل 41).

حرف الزاي

زحف الصحراء

امتداد وتوسع المناطق الصحراوية نحو المناطق المنتجة، وذلك بسبب العوامل المناخية، أو سوء الاستغلال من قبل السكان.

زحـــل

الكوكب السادس في المجموعة الشمسية، وقطره 119,300 كيلو متر، ويبعد عن الشمس 1430 مليون كيلو متر، ويستغرق 29 سنة و 174 يوماً أرضيا في الدوران حول الشمس، وكتلته 95.14 مرة قدر كتلة الأرض، وحجمه 743.6 مرة قدر حجم الأرض، وله 31 قمراً مكتشفاً للآن. ويتميز هذا الكوكب عن غيره من الكواكب الشمسية بوجود حلقات ساطعة تحيط به. وسمي "زحل" لأنه زَحَل أي بَعُد إذا كان يعتقد أنه أبعد الكواكب عن الشمس قديماً. (شكل 37).

زراعة بعلية / مطرية

الزراعة التي تعتمد على مياه الأمطار فقط دون الرّي، وتختلف مناطق الزراعة البعلية حسب نوع النبات وكمية الأمطار وتوزعها ودرجات الحرارة. وتسمى أحياناً زراعة جافة، غير أن البعض يحدد الزراعة الجافة بتلك التي تعتمد على رطوبة التربة فقط والتي تخزنها من الثلوج أو الأمطار، ولا تعتمد على المطر أو الري.

زراعة تجارية / نقدية

زراعة تهدف إلى إنتاج زراعي نباتي وحيواني للتصدير خارج الإقليم الذي تقوم فيه، وتتميز باعتمادها على الاستثمارات الكبيرة (رأس مال كبير) والإنتاجية العالية، مثل: الرعي التجاري الذي يسود في غرب الولايات المتحدة، وسهول اللانوس في فنزويلا، وسهول البمباس في الأرجنتين واوراغوي، وفي مناطق أخرى في كل من أستراليا وأفريقيا وغيرها، حيث تربى الأغنام والأبقار والماعز والخيول. وإنتاج الحبوب في كل من كندا والولايات المتحدة وروسيا، إنتاج محاصيل نقدية كالقطن، وقصب السكر والشاي...الخ، وأخيراً زراعة مع تربية حيوان كما في شمال غرب أوروبا

وأواسط الولايات المتحدة (وتعرف بالزراعة المختلطة). وتمارس هذه الزراعة في مساحات واسعة من الأرض.

زراعة كثيفة

من أنماط الزراعة المعيشية، إذ أن الهدف الأساسي من الإنتاج توفير الاحتياجات للسكان المحليين، وقد يصدر قسم بسيط منه في الإقليم الذي تتواجد به. ويتركز هذا النمط في جنوب وجنوب شرق آسيا، مثل: الصين، بنغلادش، اندونيسيا، اليابان...الخ. وتزرع فيه الأرض بأكثر من محصول في السنة.

زراعة كفاف / معاشية

نمط زراعي يقوم على إنتاج المحاصيل الزراعية وتربية الحيوانات لتأمين احتياجات السكان المحليين أو المتجاورين، وتسود مثل هذه الزراعة في المناطق المدارية في المكسيك وسواحل الكاريبي في أمريكا الوسطى وسواحل الأطلسي في أمريكا الجنوبية، ومناطق في الهند وحوض الأمازون والكونغو وساحل غانا، ومن أنماطها الزراعة المتنقلة والزراعة الكثيفة.

زراعة متنقلة

أقدم أنماط الزراعة في العالم، إذ يتم استغلال الأرض مدة معينة ومن 1- 4 سنوات حسب طبيعة التربة ونوع المحاصيل المزروعة، إذ تستنفذ خصوبة التربة، مما يضطر المزارع إلى هجرها إلى غيرها، ويتم إزالة الغطاء النباتي وخاصة الغابات بالقطع والحرق لممارسة هذه الزراعة، وهي من أنماط الزراعة المعاشيه، وكان هذا النمط من الزراعة سائداً قديماً قبل استقرار الإنسان وتقدمه الحضاري والمعرفي، وتوجد بقايا هذا النمط في بعض مناطق الغابات الاستوائية، ويعتبر البعض ممارسة البدو وأشباه الرحل زراعة مناطق بين الحين والآخر زراعة متنقلة.

زراعة محصولية

نمط زراعة يتخصص إما بالإنتاج الزراعي النباتي، أو بتربية الحيوان (على عكس الزراعة المختلطة)، ويماثل هذا النمط الزراعة التجارية (النقدية) إلا أنه لا يجمع بين زراعة النبات وتربية الحيوان (انظر زراعة تجارية).

زراعة مختلطة

الزراعة التي تجمع بين تربية الحيوانات وزراعة النباتات في آن واحد، وتتواجد بدرجة رئيسة في مناطق الكثافة السكانية، مثل جنوب شرق آسيا، ودلتا النيل وواديه، وفي البلدان الصناعية في غرب أوروبا وشرق الولايات المتحدة.

زراعة مروية

الزراعة التي تعتمد على الري (السقي) من مياه الآبار أو الينابيع أو الأنهار أو القنوات...الخ.

زراعة معاشية (انظر زراعة كفاف).

زراعة واسعة

زراعة تقوم على مساحات واسعة من الأراضي القابلة للزراعة، وتستخدم فيها الأدوات والآلات في الزراعة والحصاد وكذلك البذار المحسن والأسمدة، وتزرع الأرض عادة بمحصول واحد في السنة، وهي من الزراعة التجارية (النقدية) إذ أن الإنتاج يعد للتصدير أو الاستهلاك خارج الإقليم. مثل زراعة القمح في وسط الولايات المتحدة وسهول شرق أستراليا وسهول البمباس في الأرجنتين.

زلزال

حركة أو هزة في قشرة الأرض، تؤدي أحياناً إلى تغيرات واضحة في معالم السطح، إذ تسبب انزلاقات أرضية وتشقق القشرة الأرضية وموجات تسونامي إذا حدثت في المحيطات، وقد تسبب أضراراً جسيمة في الممتلكات والأرواح، وتحدث الزلازل في مناطق الضعف والانكسارات في القشرة الأرضية، ويرتبط بعضها بمناطق البراكين. وتسمى الأولى "زلازل تكتونية"، والثانية "زلازل بركانية" والأولى أعنف من الثانية، وتوجد نطاقات للزلازل، أهمها: نطاق السواحل الغربية للأمريكتين، نطاق جنوب أوروبا، نطاق المحيط الهادي والذي يشمل: اليابان والفلبين وإندونيسيا. (شكل 5).

زمـن جيولوجـي

قسم من أقسام التاريخ الجيولوجي، يتميز بأنواع من الصخور والأحافير، والأزمنـة الجيولوجية تراتبية (مرتبة زمنيا)، والأزمنـة الجيولوجيـة الرئيسـة هـي: الأركي أو مـا قبـل الكـامبري (الأزوري)، زمـن الحيـاة القديمـة (الـزمن الأول) ويشمل: عصور الكـامبري والأوردوفيشي والسيلوري والـديفوني والكربـوني والبرمي. زمـن الحياة الوسطى (الـزمن الثاني) ويشـمل: عصور الترياسي والجـوراسي والكريتـاسي. زمـن الحيـاة الحديثـة (الـزمن الثالث)، ويشـمل: عصور الأيوسـين والأوليجوسـين والميوسـين والبليوسـين. الـزمن الرابـع، ويشمل: عصري البليستوسين والحديث.

الـزهرة

الكوكب الثاني في المجموعة الشمسية، وقطره 12,100 كم، ويبعد عن الشمس 108 ملايين كيلومتر. ويستغرق 224 يوماً و 17 ساعة أرضية في الدوران حول الشمس، وكتلته 0.81 مرة مـن كتلة الأرض، وحجمه 0.85 مـرة مـن حجم الأرض، ولا يوجد لـه توابـع (أقمار). وهو اسطع الكواكب ومن هنا جـاءت تسـميته العربيـة بالـزهرة التي تعنـي البياض. ويسميه العامة نجمة الصباح، كونه يطلع قبل طلوع الشمس بساعة أو ساعتين، وهو أيضاً نجمة المساء إذ يظهر بشكل قوي لافت للنظـر في الأفـق الغربي بعـد غروب الشمس. (شكل 37).

زواج مبكر

زواج الشباب في سن مبكرة، أي في مرحلة الشباب الأولى، ويؤدي هـذا إلى ارتفـاع نسبة نمو السكان.

زوبعة / دوامـة هوائيـة

رياح عاصفة وسريعة تهب فجأة ولا تلبث أن تزول، وتدور الزوبعة حول نفسها إلى أعلى بشكل حلزوني.

زيادة سكانية

زيادة عدد السكان في منطقة ما أو دولة ما نتيجة للزيادة الطبيعية والهجرة إلى المنطقة أو الدولة.

زيادة طبيعية (سكان)

زيادة عدد السكان الناتجة عن الفرق بين المواليد والوفيات في نفس العام، أي (المواليد- الوفيات).

زيادة غير طبيعية

الزيادة السكانية الناتجة عن الهجرة إلى الإقليم أو الدولة.

حرف السين

ساتل (تابع أو قمر اصطناعي)

مركبة فضائية غير مأهولة، تجهز بآلات وأجهزة ومعدات خاصة حسب الغرض الذي تطلق من أجله، مثل آلات تصوير أو أجهزة اتصالات وغيرها. وتسمى بالسواتل الثابتة إذا كانت تدور حول الأرض بسرعة مساوية لسرعة دوران الأرض حول نفسها وفي نفس الاتجاه، حتى تبقى ثابتة فوق نقطة معينة باستمرار بالنسبة للأرض، وإذا كانت غير ذلك تسمى سواتل غير ثابتة.

ساحل

المنطقة من اليابسة التي تحد وتجاور المسطحات المائية، من محيطات أو بحار أو بحيرات.

سافانا انظر حشائش سافانا.

سبخة

مستنقع يوجد في المناطق الصحراوية والأقاليم الجافة، وخاصة في المناطق المنخفضة من الأحواض التصريفية المقفلة التي تنتهي إليها المجاري المائية الصحراوية، فعند تساقط الأمطار تتجمع مياه السيول لتكون مستنقعا (أو بحيرة) مائيا ملحياً طينياً ضحلاً، وبتبخر هذه المياه (وقد يتسرب قسم منها إلى باطن الأرض) تصبح أرض السبخة أرضاً يابسة من الطين، وقد تتواجد أملاح على السطح نتيجة لعملية تبخر الماء العائد من جوف الأرض، والذي يكون عادة مشبعاً بالأملاح. ويوجد الكثير من السباخ في الصحراء الكبرى، والجزيرة العربية، ومنطقة الحوض العظيم في الولايات المتحدة.

ستراتوبوز

الحد الفاصل بين طبقة ستراتوسفير في الأسفل وطبقة ميزوسفير في الأعلى في الغلاف الجوي. (شكل 46).

ستراتوسفيـر

الطبقة الثانية في الغلاف الجوي، ويبلغ سمكها نحو 40 كم، ويقل بها بخار المـاء بشكل حاد، ويزداد تركيز الأوزون بها خاصة علـى ارتفـاع 20-30 كم مـن سطح الأرض، وتتميز بالهدوء وعدم وجود تيارات هوائيـة صاعدة أو هابطـة بهـا. وتوجـد بين طبقة تروبوسفير في الأسفل، وطبقة ثيروموسفير في الأعلى. (شكل 46).

ستيريوسكوب انظر مجسِّم.

سحب / غيوم

تتكون السحب من تكاثف بخار الماء في الجو عندما يبرد الهواء المشبع ببخـار المـاء إلى دون درجة النـدى (نقطة النـدى)، ويصبح علـى شـكل نقـاط مائيـة دقيقـة أو بلـورات صغيرة من الثلج، ولصغرها يستطيع الهواء حملها وتتمكن الرياح من نقلها وتحريكها من مكان لآخر، وهي مصدر التساقط سواء على شكل أمطار أو بـرد أو ثلج وقـد لا تسقـط منها أمطار. (شكل 38).

وتقسم السحب إلى ثلاثة أنواع رئيسة حسب ارتفاعها عن سطح الأرض، هي:
1) **سحب مرتفعة (عالية)، وسحب متوسطة الارتفاع، وسحب منخفضة** وتنقسم كـل مجموعة إلى أنواع من السحب. (شكل 38).

2) **سحب مرتفعة (عالية)**
السحب التي متوسط ارتفاعهـا 20.000 قدم عن سطح الأرض (6095م)، وتشمل سحب السمحاق، والسمحاق الركامي، والسمحاق الطبقي.
(شكل 38).

3) **سحب متوسطة الارتفاع**
السحب التي متوسط ارتفاعهـا 6500-20,000 قدم عـن سطح الأرض (1980-6095م)، وتشمل الركامي المرتفع والطبقي المرتفع.
(شكل 38).

4) سحب منخفضة

السحب التي متوسط ارتفاعها دون 6500 قدم عن سطح الأرض (1980م). وتشمل الركامي، والركامي الطبقي، والطبقي، والمزن الطبقي، والمزن الركامي. (شكل 38).

سحب ركامية

سحب اجتمعت وتراكمت بعضها فوق بعض، وهي ذات امتداد رأسي كبير، وتشبه في شكلها العام ثمرة القرنبيط (رأس الزهرة)، ويدل ظهورها على أن هناك حركة تصعيد في الهواء، ويظهر معظمها في الجو الصحو، وهي من أنواع السحب المنخفضة. (شكل 38).

سحب سمحاق

من السحب المرتفعة، وتتكون من قطع ثلج منفصلة رقيقة ريشية الشكل والمظهر بيضاء اللون، ولا تصاحبها الأمطار، بل يكون الجو صحواً، إلا إذا زاد سمكها وكثافتها فإن ذلك يدل على قرب تحول حالة الجو. (شكل 38).

سحب طبقية

من السحب المنخفضة، رمادية اللون، طبقية منتظمة الشكل ومتناسقة وتشبه الضباب، ولكنها لا تصل إلى سطح الأرض (مرتفعة عن سطح الأرض)، وقد يسقط منها أمطار خفيفة، ومنها السحب الطبقية متوسطة الارتفاع ولونها رمادي يميل إلى الزرقة. (شكل 38).

سد

حاجز يقام على مجرى نهر من أجل التحكم في جريان ماء النهر، وتخزين أو حجز كمية من المياه لاستخدامها في الري والأغراض المنزلية وتوليد الكهرباء وتنظيم الفيضان ودرء مخاطره، وقد يكون الهدف من السد الأمور السابقة مجتمعة أو بعضا منها، وتقام في بعض المناطق وخاصة الجافة والصحراوية سدود ترابية لحجز المياه في الفصل الماطر من أجل زيادة المخزون الجوفي للماء، والزراعة وسقي الحيوانات.

سـرعة مداريـة

متوسط سرعة الكوكب أثناء دورانه حول الشمس، ويتراوح معـدل سرعـة الكواكـب حول الشمس من 4.7 كم / ثانية لكوكب بلوتو، إلى 47.8 كم/ثانية لكوكب عطارد

سسموغراف / مسجّل الزلازل

جهاز يسجل الهزات الأرضية آليا.

سطـوع شمسـي

عدد الساعات التي يظهر بها قـرص الشـمس دون أن تحجبـه السـحب. وللسـطوع الشمسي دور هام في نمو النبات، وتتفاوت النباتات في حاجاتها للسطوع الشمسي، فبعضها يحتاج إلى ساعات تصل إلى3000 ساعة والآخر إلى دون 1000 ساعة. كما أن علاقته طردية مع درجة الحرارة، أي كلما زاد السطوع الشمسي ـ ترتفـع درجـة الحـرارة، وتـنقض بـنقص السطوع الشمسي.

سكـان فاعلـون

السكان القادرون أو الذين يستطيعون العمل في الأنشطة الاقتصادية المختلفة.

سكان مشتغلون / عاملون

السكان العاملون فعلاً في الأنشطة الاقتصادية المختلفة.

سلسـلة جبليـة

مجموعة من الجبال أو التلال المتلاصـقة والمتصـلة الممتـدة لمسـافات طويلـة، وقـد تكون أكثر من سلسلة في نفس المنطقة ومن ثم تسمى هذه المجموعات الجبلية سلاسـل، مثل: جبال الانديز، جبال بلاد الشام، جبال أطلس، جبال هيمالايا، روكي، الألب..الخ.

سمـوم (ريـاح)

رياح محلية حارة، وهي رياح إعصارية حارة جافة خانقة، تهب في منطقة الصحراء الكبرى والصحراء العربية في فصلي الربيع والصيف، وتحمل هـذه الريـاح معهـا كميـات هائلة مـن الغبار والرمال، ويتدنى مدى الرؤية فيها إلى بضعة أمتار. وقيل: سميت بالسموم لما تحمله من أتربة تتسبب بأمراض للعيون والحلق.

سنة شمسية

المدة من الزمن التي تتم فيها الأرض دورة فلكية كاملة حول الشمس، وتعادل فعلياً 365 يوماً شمسياً و 5 ساعات و 48 دقيقة و 46 ثانية، ولكنه اصطلح واتفق على أن مدة السنة الشمسية 365 يوماً لمدة ثلاث سنوات متتالية، وسنة كبيسة في الرابعة مدتها 366 يوماً. (انظر سنة كبيسة ويوم شمسي).

سنة ضوئية

المسافة التي يقطعها الضوء في سنة كاملة، وبها يقاس بُعد النجوم عن الأرض، وتساوي $9.47×10^{12}$ كم. ويبعد قنطورس أقرب نجم من الأرض 4.3 سنة ضوئية بينما يبعد منكب الجوزاء 670 سنة ضوئية.

سنة قمريـة

المدة من الزمن التي يتم فيها القمر دورة فلكية كاملة حول الأرض، ومقدارها 354 يوماً شمسياً (من كل 30 عاما يكون طول السنة القمرية في 11 عاما منها 355 يوماً) (انظر يوم قمري).

سنة كبيسة

السنة الشمسية ومدتها 366 يوماً شمسياً، وتأتي مرة واحدة كل أربع سنوات شمسية، وتفوق أو تزيد هذه السنة عن السنة الحقيقية بـ 11 دقيقة و 14 ثانية ، ومن ثم اعتبرت السنوات المئوية حسب التقويم الحديث (ما يتعارف عليه بالتقويم الغريغوري) سنوات كبيسة إذا قسمت على 400، ومن ثم فالسنوات 1700، 1800، 1900 سنوات عادية، إلا أن سنة 2000 سنة كبيسة ومن ثم قل الخطأ بنحو يوم واحد كل 3000 سنة، وتحدد السنة الكبيسة عادة بقسمة السنوات

الميلادية على أربعة فما قسم على أربعة يعتبر سنة كبيسة، عدا ما ذكر عن السنوات المئوية. ويزاد اليوم الإضافي في السنة الكبيسة لشهر شباط (فبراير) من تلك السنة.

سنة كوكبية

الزمن اللازم حتى يتم الكوكب دورة واحدة حول الشمس، فسنة عطارد اقرب الكواكب للشمس 88 يوما أرضياً، وسنة بلوتو أبعد الكواكب عن الشمس 248.4 سنة أرضية.(علما بأن الأرض تحتاج إلى سنة أرضية).

سهـل

أرض مستوية أو شبه مستوية (مموجه أو مقطعة) ذات انحدار بطيء، وغالباً ما تكون منخفضة نسبياً، وهي أهم مظاهر سطح الأرض التي تناسب وتلائم السكن والنشاط الاقتصادي، ومن ثم فإن معظم سكان العالم يسكنون السهول. وتختلف السهول حسب طريقة تكونها، فهناك سهول فيضية، وسهول رسوبية، وسهول تحاتية، وسهول رملية...الخ. (شكل 15، شكل 52).

سهل تعرية ريحية /هوائية

سهل كونته الرياح بنقل كميات كبيرة من الأتربة الناعمة التي توجد في الأحواض الفيضية.

سهـل رسوبـي

السهول التي تتكون بفعل الإرساب، سواء إرساب مائي أم هوائي، أم هما معـا، مثـل: السهول الفيضية، والبهادا، والسهول الرملية وبعض أنواع السهول الساحلية.

سهـل فيضي / نهـري

يوجد السهل الفيضي على جانبي النهر، ويتكون بفعل الرواسب التي يجلبها النهر، ويرسبها عندما يرتفع منسوب مياهه وتفيض على الجانبين، حيث ترسب طبقة من الغرين أو الطمي في كل فيضان (انظر رواسب فيضية)، ويتصف السهل الفيضي بالاستواء تقريباً وقد يكون مرتفعا قرب مجرى النهر،

وأقل ارتفاعاً عند الأطراف، وتتفاوت هـذه السـهول في السـمك والاتسـاع، ويعتبـر السهل الفيضي من السهول الرسوبية. (شكل52).

سهـوب: انظر استبس.

سوء تغذية / نقص تغذية

عدم كفاية المواد الغذائية التي يتناولها الفرد، أو النقص في العناصر والمعادن التي يحتاجها الجسم للنمو والقيام بالنشاطات المختلفة، كالأملاح والفيتامينات والحديد واليود والكالسيوم...الخ.

السوق الأوربية المشتركة

اتفاقية بين مجموعة من الدول الأوربية ضمت في البداية: ألمانيا وفرنسا وإيطاليا وبلجيكا وهولنـدا ولوكسـمبورغ، وذلـك عـام 1957 لإلغـاء الحـواجز الجمركيـة تـدريجياً وتوحيد التعرفة الجمركية للمستوردات من الخارج، وتوحيد العملة وحريـة انتقـال رأس المال والقوى العاملة والسلع بينها، وتوسعت السوق الأوربية لتضـم دول أوروبيـة أخـرى، مثل: إسبانيا واليونان والبرتغال وبريطانيا. وعملتها الموحدة اليورو.

سولانو (رياح)

رياح محلية حارة، وهي رياح شرقية حارة رطبة عنيفة وشديدة، تهب على منطقـة مضيق جبل طارق وجنوب شرق إسبانيا، وأحياناً سواحل إسبانيا الشرقية، وعـادة مـا تكـون هذه الرياح مصحوبة بالسحب والأمطار. وتسمى الرياح التي تهـب عـلى جنـوب إسبانيا وجبل طارق وشمال الجزائر والمثيلـة للسـولانو باسـم "مشرقية" أو الليفـانتر (الليفـانتز، الليفانت). لأن هبوبها أكثر ما يكون من الشرق.

السويس (قناة)

قناة تصل بين البحر المتوسط والبحر الأحمر، وتفصل بذلك بين آسـيا وأفريقيا. بـدأ حفرها عام 1859، وافتتحت عـام 1869 وتـم تأميمهـا عـام 1956، طولهـا 195كـم (كان طولها عند الافتتاح 164كم) وعمقها 21 متراً (كان عند

الافتتاح 7.5 متراً) وعرضها عند صفحة الماء 365 متراً (كان عند الافتتاح 52 متراً). قصّرت المسافة والزمن بين غرب أوروبا وجنوب وشرق آسيا بالاستغناء عن الدوران حول قارة أفريقيا. وتجري أعمال تحسين وتعميق القناة بحيث تسمح للسفن والناقلات الضخمة بالمرور عبرها. ويعتبر النفط أهم المواد التي تنقل عبرها. وهي من مصادر الدخل الرئيسة لمصر.

سياحة

سفر أو انتقال الأفراد أو المجموعات من مكان إقامتهم المعتادة إلى أماكن أخرى داخل الدولة (سياحة داخلية) أو خارجها (سياحة خارجية أو دولية) ولمدة لا تقل عن 24 ساعة (يوم كامل)، ولا تزيد عن عام، من أجل الاستجمام أو الراحة أو المشاهدة والتعرف على المعالم الطبيعية والحضارية والثقافية والدينية وغيرها.

سياحة اجتماعية

سياحة تهدف إلى زيارة الأقارب والأصدقاء، وأدت الزيادة في حركة السكان والهجرة إلى تعاظم هذه السياحة.

سياحة استجمام

أكثر أنواع السياحة شيوعاً ورواجاً، وتهدف إلى الترويح عن النفس والتمتع بأوقات الفراغ وطلبا للراحة، مثل: مناطق المصايف والمشاتي، والشواطئ...الخ.

سياحة اقتصادية / تجارية

سياحة تهدف إلى التسوق، وحضور المؤتمرات الاقتصادية والمشاركة أو زيارة المعارض التجارية، وعقد الصفقات التجارية.

سياحة بيئية

سياحة تهدف إلى زيارة المناطق الطبيعية التي تتمتع بخصوصية معينة، كالمحميات الطبيعية البرية والبحرية.

سياحة ثقافية

السياحة التي تهدف إلى التعرف والاطلاع على معالم الحضارات في المنطقة أو الدولة، من تاريخ وتراث وعادات وتقاليد...الخ، كزيارة الأماكن التاريخية والأثرية والمتاحف، مثل: الأهرام في مصر، البتراء في الأردن، بابل في العراق، وتكاد لا تخلو دولة من ذلك.

سياحة دينية

سياحة من أجل زيارة الأماكن المقدسة أو التي لها مكانة أو صلة بالمعتقدات الدينية، مثل: مكة المكرمة، المدينة المنورة، القدس، مقامات الصحابة أو الأولياء...الخ.

سياحة رياضية

سياحة تهدف إلى ممارسة أنواع من الرياضة توفرها المنطقة، مثل: السباحة والتزلج على الماء، التزلج على الجليد، تسلق الجبال، حضور المباريات والنشاطات الرياضية المحلية والدولية.

سياحة علاجية / استشفاء

سياحة من أجل علاج بعض الأمراض باستخدام المياه المعدنية الحارة، أو الماء والطين ذي المواصفات الخاصة، مثل: مياه الينابيع الحارة والكبريتية الموجودة في معظم الدول، ومياه البحر الميت في الأردن، ثم هناك السفر لتلقي العلاج الطبي.

سيال

الغلاف الخارجي الصلب من القشرة الأرضية (الغلاف الصخري) ويتكون في معظمه من صخور الجرانيت (انظر جرانيت)، والكلمة مشتقة من الرمز الكيميائي لعنصري السيلكا (Si) والألمنيوم A1.

سيروكو (رياح)

رياح محلية حارة شديدة العنف، وهي رياح جنوبية وجنوبية شرقية، تهب من الصحراء الكبرى على شمال أفريقيا وصقلية وجنوب إيطاليا واليونان،

وتهب في جميع الفصول تقريباً عدا الصيف الذي قلما تحدث فيه، بينما يزداد هبوبها في فصل الربيع، وتستمر عادة من يوم إلى يومين. وتتميز هذه الرياح بالرطوبة والحرارة المرتفعة وقد تكون مصحوبة بالرمال أحياناً، ولها آثار سيئة على النباتات خاصة إذا هبت في موسم إزهار الكروم والزيتون. قيل: إن اسمها من العربية" الشرق " أو من الآرامية وتعني " يطبخ " بسبب شدة حرارتها، كما تسمى " الشراقي ".(الشكل 17).

سيــف

ويسمى أيضاً خط الساحل أو خط الشاطئ أو سيف البحر وهو الحد الفاصل بين الساحل والشاطئ (انظر ساحل وشاطئ).

حرف الشين

شابورة / شبورة

ضباب رقيق. تجمع كثيف لقطرات دقيقة جداً من الماء في الهواء القريب من سطح الأرض، ويؤدي هذا التجمع إلى تدني مدى الرؤية الأفقية إلى ما يتراوح بين 1-2 كم.

شاطئ

منطقة من اليابس تجاور البحر أو المحيط أو البحيرة، وتنحدر إليهما تدريجياً ويغطيها الماء عند المد، وينحسر عنها عند الجزر، وتتعرض للموج، وهي عادة من الرمل والحصى.(شكل 52).

شاهد صخري / زُوج

كتلة صخرية من سلسلة كتل صخرية في الصحراء، له قمة مسطحة، ويرتفع عما يجاوره بسبب مقاومته لعوامل الحت، ويتراوح ارتفاعه بين 3-36 متراً، ويتالف من طبقات صخرية صلبة تعلو طبقات أقل صلابة، وأثرت عليها الرياح المحملة بالرمال. ومن الشواهد البركانية ما يتبقى من كتلة بركانية، ومن الشواهد الأخرى التلال الكلسية المنعزلة. (شكل 18).

شبه جزيرة

امتداد من اليابسة في بحر أو نحوه، فكأنه جزيرة إلا من جهة واحدة يتصل بها بباقي اليابسة، ومن أشباه الجزء ما يكون صغير المساحة نسبياً مثل دولة قطر، ومنها ما يكون عظيم المساحة مثل شبه جزيرة الملايو. (شكل 52).

شذوذ حراري

اختلاف ما بين درجة الحرارة الفعلية لمكان ما، ودرجة الحرارة لخط عرض ذلك المكان معدلة لمستوى سطح البحر. ويعود الاختلاف إلى عوامل خاصة بالمكان أو المنطقة المعنية مثل توزع اليابس والماء، والتيارات البحرية، والرياح السائدة، ومن أوضح الأمثلة على الشذوذ الحراري منطقة سيبريا التي

يصل فيها الشذوذ في الشتاء إلى (- 24°م)، وشمال شرق المحيط الأطلسي ـ الذي يصل فيه الشذوذ في فصل الشتاء إلى أكثر من (10°م).

شرق أستراليا (تيار)

تيار دافئ يبدأ من الشمال متجها نحو الجنوب الغربي مارا بسواحل أستراليا الشرقية، وهو من تيارات المحيط الهادي الجنوبية.

شرق أوروبا / اللورنسي (إقليم)

يقع في شرق القارات بين دائرتي عرض 40°-60° شمالاً ولا يتمثل في نصف الكرة الجنوبي، ويوجد في وسط وشرق أوروبا وشرق آسيا، وفي أمريكا الشمالية شرق جبال روكي. وهو معتدل الحرارة صيفاً شديد البرودة شتاء، وأمطاره طوال العام وهي على شكل أمطار غزيرة صيفاً، وثلوج شتاء، وغاباته صنوبر وسرو وتستغل الأراضي الخالية من الغابات في زراعة القمح وتربية الماشية.

شَرْم

خليج صغير دائري الشكل وله مدخل صغير، وهو ظاهرة تنتشر على سواحل البحر الأحمر. والشرم أيضاً نهر صغير.

شطوط

مصطلح محلي في المغرب العربي، ويقصد بالشطوط بحيرات ضحلة مالحة غير دائمة. وتقع جنوب جبال الأطلس منطقة تسمى هضبة الشطوط في تونس والجزائر، وعند جفاف الشطوط تخلف أحواضاً جافة ذات رواسب ملحية، ولذلك تخلو من النبات.

شِعَب مرجانية

صخور مرجانية، وهي رواسب مرجانية مع أصداف (المرجان حيوان بحري)، تتجمع قريباً من الشاطئ، وقد تظهر فوق الماء أو تبقى مغمورة تحته، وتظهر الشعب المرجانية في منطقة خط عرض 30° شمالا وجنوباً.

شـلال

سقوط الماء عمودياً أو فجائياً في مجرى النهر، إذ يقوم الماء الجاري بحت الصخور اللينة في حين تقاوم الصخور الصلبة التي تعلوها مما يـؤدي إلى اختلاف في منسوب قاع النهر، ومن ثم تكوّن الشلال، وتتكون الشلالات لأسباب مختلفة. وأشهر شلالات العالم وأعلاها شلالات انجل في فنزويلا ويسقط الماء من ارتفاع 979 متراً، وشلالات سـذرلاند في نيوزيلاند 580 متراً، أما شلالات نياغارا فيسقط الماء فيها من ارتفاع 55 متراً. (شكل 16، شكل 52).

شمال

أحد الجهـات الرئيسـة الأربـع وهنـاك: الشـمال الحقيقـي أو الجغرافي والشمال المغناطيسي.

الشمال (بحر)

يشكل امتداداً للمحيط الأطلسي ويقع إلى الشرق مـن الجـزر البريطانية، مساحته نحو 575,200 كم²، ومتوسط عمقه 94 متراً، وأعمق جهاته 660 متراً، فيه ثروات بتروليـة هائلة، ومصائد أسماك. (شكل 49).

الشمال الحقيقي (الجغرافي)

الشمال الحقيقي لنقطة هو الخط الواصل بينها وبين القطب الشمالي الجغرافي.

الشمال المغناطيسي

الاتجاه الذي تشير إليه إبرة البوصلة المغناطيسية عندما تكون حرة الحركة. وهـو القطب الشمالي المغناطيسي.

الشمـس

النجم الرئيس الذي تـدور حولـه الأرض والكواكب السيارة الأخرى، وهـي جسـم كروي مضيء، قطره نحو 1,392,000 كـم، ومعـدل درجـة حـرارة سـطحها نحـو 5700°م، ويبلغ معدل بعدها عن الأرض نحو 150 مليون كيلو متر.

شمس منتصف الليل

مصطلح يقصد به ظاهرة لا تحدث إلا في الدائرة القطبية الشمالية والجنوبية من العالم، حيث لا تغرب الشمس خلف الأفق في منتصف صيف كل منهما، وبذلك يمكن مشاهدتها في منتصف الليل.

شنوك (رياح)

رياح محلية دافئة، وهي رياح جنوبية غربية تهب في فصلي الشتاء والربيع من المحيط الهادي نحو جبال روكي وتؤثر على سفوحها الشرقية، وتعمل هذه الرياح على صهر الثلوج، ومن هنا جاء الاسم شنوك والتي تعني باللغة الهندية الأمريكية "آكلة الثلوج"، ويعود اسمها إلى هنود منطقة هبوبها، ووجد أنها تستطيع صهر طبقة سمكها 30 سم من الثلج خلال عدة ساعات. (شكل 17).

شهاب

جرم سماوي صغير يسبح في الفضاء الخارجي، وتجذبه الأرض إليها بسرعة تصل إلى 240 كم/ثانية، ويشاهد مضيئاً بسبب احتكاكه بالغلاف الجوي (الهواء) على ارتفاع يتراوح بين 145-110 كم فوق سطح الأرض، حيث يحترق ويصبح رماداً، وغالباً ما يتلاشى على ارتفاع 80 كم، وتسمى القطع الكبيرة من الشهب والتي تصل الأرض " نيازك ".

شهر شمسي

ويسمى أيضاً الشهر الميلادي، وتقسم السنة الشمسية إلى 365,242 يوماً وإلى 12 شهراً، ويتراوح طول الشهر بين 31 يوماً مثل كانون الثاني وآذار و30 يوماً مثل نيسان وحزيران، أما شباط فطوله 28 يوماً في السنين العادية و 29 يوماً في السنين الكبيسة.

شهر قمري

ويسمى أيضاً الشهر العربي. الفترة الزمنية التي يكمل فيها القمر دورة كاملة حول الأرض، ويبلغ طول الشهر القمري إما 29 أو 30 يوماً، ولا يتوافق الشهر القمري مع أي ظواهر مناخية كالشهر الميلادي.

حرف الصاد

صادرات

جميع السلع والبضائع التي تباع من دولة ما لدول أخرى، وتسمى صادرات منظورة (ملموسة)، أما الصادرات غير المنظورة فهي ما يدفع كخدمات ونقل وتأمين وفوائد قروض وسياحة من دولة لأخرى.

صافي الهجرة

الفرق بين عدد المغادرين بشكل نهائي لدولة ما من جهة وعدد القادمين (الوافدين) إليها بقصد الإقامة الدائمة، ويدخل صافي الهجرة في حساب معدل النمو السكاني للدولة، وذلك بإضافته إلى معدل الزيادة الطبيعية فيها.

صحراء

منطقة جرداء أو شبه جرداء نباتياً، بسبب قلة الأمطار أو ندرتها، أو سقوطها فجأة ثم احتباسها فترة طويلة من الزمن. وتتصف الصحراء تبعاً لذلك بقلة عدد سكانها ما لم تكن هناك مصادر ثروة تجذب السكان، والصحاري على عدة أنواع. (شكل 29).

صحراء جليدية / باردة

أرض واسعة يغطيها الجليد والثلج، وتوجد في المناطق القطبية وشمال قارة آسيا وأوروبا وأمريكا الشمالية، كما تتمثل في القارة القطبية الجنوبية (انتاركتيكا). وتتصف بشدة البرد وتجمد التربة. ويطلق على الصحراء الجليدية: التندرا والمناطق القطبية، كما تطلق التسمية على المناطق الداخلية من القارات شمال خط العرض 50° شمالاً إضافة لمناطق أخرى. (شكل 31).

صحراء حصوية (رق) انظر رصيف صحراوي.

صحراء رملية انظر صحراء العرق.

صحراء صخرية انظر حماد.

صحراء العرق

تعرف الصحاري التي تغطي سطوحها الرمال باسم العرق. والعرق مصطلح يقصد به مناطق كثبان رملية ثابتة في الصحراء الكبرى الأفريقية، وأصبح يطلق على أي مناطق أخرى تماثلها، وعلى الصحاري المغطاة بالرمال.

صحراء مدارية حارة

وتسمى صحارى الرياح التجارية الحارة. وتمتد في المناطق المدارية ودون المدارية، ومثالها الصحراء الكبرى الأفريقية، وصحراء اتاكاما في أمريكا الجنوبية والصحراء الأسترالية وغيرها. وبشكل عام تقل أمطارها السنوية عن 250 ملم. (شكل 29).

صحراء معتدلة

وتسمى صحاري العروض الوسطى، وتقع داخل (وسط) القارات. ويتصف مناخها بأنه حار صيفاً وبارد شتاء. ومن أمثلتها صحراء غوبي وتمتد في جنوب منغوليا وشمال الصين، ويعني اسمها الصحراء الحجرية.
(شكل 29).

صحراوي (إقليم)

يقع هذا الإقليم بين دائرتي عرض 18°-30° شمال وجنوب خط الاستواء، وفي غرب القارات، وهي ما يعرف بالصحاري الحارة، والعوامل التي أدت إلى وجود هذا الإقليم في هذه المناطق: أنه يوجد في منطقة الرياح التجارية، ووجود التيارات البحرية الباردة المحاذية لمناطقه من الغرب، ويشمل الإقليم الصحراء الكبرى وصحراء كلهاري في أفريقيا، وصحراء الجزيرة العربية وبادية الشام وثار وصحراء إيران في آسيا، وصحراء أريزونا وكاليفورنيا وكولورادو في أمريكا الشمالية، وأخيراً صحراء اتكاما في أمريكا الجنوبية. والإقليم من أكثر أقاليم العالم جفافا إذ تندر الأمطار به، وقد لا تسقط بالمرة في مناطق فيه

لسنوات عدة متتالية وهو حار صيفاً وبارد شتاء، والمدى الحراري بين النهار والليل وبين الصيف والشتاء كبير للغاية، قد يصل إلى 20-30° سلسيوس وتنمو فيه النباتات التي تلائمت مع هذه البيئة كذات الأوراق الشمعية والأشواك مثل السدر والطلح والسَلَم والصبار، وتستغل الواحات الموجودة به في الزراعة وتربية الماشية. (شكل 31).

صخر

مادة أرضية صلبة، تشكل جزءاً من القشرة الأرضية، وتتركب عادة من عدة معادن، ويقال: أرض صخرية أي مساحة من الأرض تتكون بشكل رئيس من الصخور، وتصنف الصخور إما وفق كيفية نشأتها، كالنارية والرسوبية والمتحولة، أو وفق عمرها الجيولوجي. ويعتبر الرمل والحصى والطين والصلصال من الصخور. (شكل 40).

صخر بركاني

صخر ناري اندفع من باطن الأرض بفعل البراكين. وهو صخر صلب مدمج، ولا يحوي على بقايا عضوية، ومن أنواعه البازلت.

صخر رسوبي

صخر يتكون من رسوبيات دقائق من الحصى- والرمل والطين والطمي، وحدث تلاصق بين هذه الدقائق بفعل ثقل وقع عليها بعد تراكمها، وهذا الصخر طبقي، ويحوي على بقايا عضوية ومن أنواعه الكلسي والرملي. (شكل 40).

صخر رملي

صخر من رمل الكوارتز مع السليكا والطين أو كربونات الجير. ويختلف لونه وفق المادة اللاصقة بين حبيباته، فاللون الأحمر المصفر أو البني يعود لوجود أكسيد الحديد. وكان هذا الصخر يستخدم في البناء قديماً.

صخر زيتي

طين صفحي (طَفْل). وهو صخر رسوبي يحتوي على هيدروكربون، يمكن أن يستخرج منه الزيت والغاز، وبذلك يمكن أن يكون من مصادر الطاقة.

صخر القاعدة (صخر الأساس)

الصخر الصلب الذي يقع تحت التربة أو التربة السفلية (الأفق جـ) ويطلق عليه أيضاً الأفق د. كما أن المصطلح يعني طبقة الصخر الصلب التي توجد تحت جميع الصخور والإرسابات من طين ورمل وترب. (شكل 39).

صخر كلسي / جيري

مصطلح عام يطلق على الصخور الرسوبية التي تتكون أساساً من كربونات الكالسيوم، ويحوي أقل من 5 % من المغنيسيوم. ويتنوع هذا الصخر وفق تركيبه وبنيته، كما يتنوع وفق محتوياته المعدنية، كما يصنف وفق عمره الجيولوجي.

صخر متحول

صخر تغير من نوعه الأصلي الناري أو الرسوبي بفعل الحرارة أو الضغط أو كليهما تحت سطح الأرض، واكتسب بذلك خصائص جديدة تبعاً لمقدار الحرارة والضغط، ومن ذلك تحول الغرانيت الناري إلى نايس، والحجر الكلسي الرسوبي إلى رخام. (شكل 40).

صخر ناري

ويسمى الصخر الأولي لأنه مصدر الأنواع الأخرى من الصخور، وأصل هذا الصخر مواد منصهرة، اندفعت خارجة من مناطق الضعف في القشرة الأرضية، حيث بردت وتصلبت على سطح الأرض. وهو صخر لا يحتوي على بقايا عضوية، وهو صخر قوي كثيف يحوي بلورات، ومن أنواعه الغرانيت والبازلت. (شكل 40).

صدع / انكسار

شق في قشرة الأرض ينتج عن حركات رأسية وأفقية، يحدث تغيراً أفقياً أو عمودياً على الأغلب في مستوى الطبقات على طول امتداده. ومن أنواعه الصدع العادي وهو كسر في قشرة الأرض تنزلق على طوله الطبقات بشكل منتظم، والصدع المعكوس وهو صدع يميل فيه السطح وتزحف فيه طبقات على أخرى بفعل الضغط الواقع عليها. (شكل 34).

صرف صحي

تجميع ونقل المياه العادمة والملوثة من المنازل والمصانع عبر شبكة تحت سطح الأرض من الأنابيب والقنوات المغطاة، إلى محطات معالجة لإزالة الملوثات بهدف الاستفادة من المياه بعد ذلك لأغراض غير الشرب.

صفائح أرضية

كتل هائلة صلبة تكوّن القشرة الأرضية، نشأت بفعل حركة بنائية لباطن الأرض، ومنها ما هو متقارب، ومنها ما هو متباعد، فبروز الجبال هو نتيجة لتقارب الصفائح، أما نشأة المحيطات فكانت نتيجة لتباعدها.

صفر نمو النبات (درجة الحرارة الحرجة)

أدنى درجة حرارة لا يستطيع النبات دونها (اقل منها) أن ينمو، وتختلف هذه الدرجة من نبات لآخر فهي في القمح 4° م، والقطن 14° م، وبصورة عامة فإن درجة الحرارة 5.5^{o} م أو 6° م هي درجة الحرارة الحرجة لمعظم النباتات.

صقيع

دقائق جليدية متبلورة تتكون بسبب تجمد الندى أو الضباب أو البخار على سطح الأرض أو قريباً منه، بسبب تدني درجة الحرارة إلى درجة التجمد أو دونها.

صلصال

ويسمى طين. دقائق صغيرة تتكون في معظمها من سليكات الألمنيوم، ومن أبرز صفاته اللدانة والتماسك، وهو على عدة أنواع.

صناعات قادة التوطن

صناعات تقوم على وجود مشتقات أو منتجات خام في منطقة الإنتاج، تقوم بجذب السكان للعمل فيها، فيتم استيطان السكان في هذه المناطق، ولا يعودون إلى المناطق التي وفدوا منها، وبذلك يمكن إعادة توزيع السكان في أي دولة بتوفر فرص عمل طويلة الأمد، وتخفض من كثافة السكان في مناطق بتعميرها لمناطق أخرى.

صناعة

نشاط اقتصادي يقوم على استخراج الثروات المعدنية (التعدين) وتحويلها إلى شكل تصلح فيه للاستعمال أو التداول، أو تحويل مواد حيوانية أو نباتية لتصبح جاهزة للاستهلاك أو إلى شكل آخر تصبح فيه أكثر نفعاً. والصناعة مصطلح يقابل الزراعة وأصبح يشمل أي أنشطة تحقق أرباحاً كالسياحة والفندقة، وتقسم الصناعة إلى صناعات خفيفة ومتوسطة وثقيلة.

صناعة استخراجية

الحصول على المواد الطبيعية الخام من الأرض كالمعادن وأحجار البناء والبترول والغاز، كذلك الحصول على المواد الزراعية الخام كالزيوت النباتية من نباتات الزيت كالزيتون وفول الصويا وبذور الكتان ونخيل الزيت، وكذلك السكر من قصب السكر والبنجر السكري. ويسمي البعض حرفة التعدين الحرفة السارقة لأنها تنقص موجود هذه المواد من الأرض ولا تعود للتجدد.

صناعة تحويلية

تحويل وتغيير المواد الخام العضوية وغير العضوية والمصنعة نوعاً والمكررة والمصفاة بوسائل ميكانيكية أو كيماوية إلى منتجات جديدة، ومثال ذلك أخذ زيت نخيل الزيت كمادة خام ومادة جاهزة للاستخدام الغذائي المنزلي، هذا المنتج يتم تصنيعه فيما بعد إلى صابون وإلى مارجرين (زبدة نباتية).

صناعة تقليدية

صناعة تعتمد غالباً على مواد خام محلية، وخبرات متوارثة لبعض العائلات والبلدان، وتتم في معظمها يدوياً أو شبه ذلك، حيث تظهر مهارة الصانع، كالسجاد اليدوي والأدوات النحاسية والجلدية، ومنها ما تسمى بالتحف الشرقية.

صناعة ثقيلة

صناعة منتجات وسلع تكون عادة بكميات وأحجام وأوزان كبيرة، وذلك باستخدام كميات عظيمة من المواد الخام، كصناعة الحديد والفولاذ وبناء السفن، ولعامل النقل دوره الهام في تحديد أماكن قيام هذه الصناعة.

صناعة خفيفة

صناعة ثانوية، وهي عكس الصناعة الثقيلة، وهي صناعات رخيصة وسهلة التصنيع والنقل، ولا تتطلب رأسمال كبير جداً، ومنها الأدوات المنزلية، والأدوات والأجهزة الكهربائية.

صناعة غذائية

صناعة تحويلية تقوم على استخدام مواد نباتية أو حيوانية وتصنيعها لتصبح جاهزة للاستهلاك، كالزيوت النباتية والمعلبات وطحن الحبوب ومنتجات الألبان.

صناعة غزل ونسيج

صناعة تحويلية، تقوم على استخدام ألياف نباتية كالقطن أو حيوانية كالصوف، أو صناعية كالنايلون، وتحويلها إلى خيوط طويلة وهو ما يعرف بالغزل، أما النسيج فهو تحويل الخيوط الطويلة إلى أقمشة وما نحوها، وتسبق عملية حلج القطن أي فصل بذوره عن أليافه عملية غزله.

صناعة كيماوية

صناعة تحويلية، وتقوم على استخدام مواد طبيعية وصناعية لصناعة منتجات ذات خصائص هامة كيماوياً، والمواد الخام الرئيسة لهذه الصناعة هي البترول والفحم الحجري والخشب والنباتات، حيث تتم معالجة هذه المواد لإعادة تركيبها بصور جديدة، ومن ذلك صناعة البلاستيك والأسمدة والأدوية والأصبغة.

صناعة مواد البناء

صناعة تحويلية، تقوم على استخدام مواد للاستفادة منها في أعمال الإنشاء والتعمير، كالاسمنت وأحجار البناء والرخام، كما تتداخل معها صناعات ثقيلة كالحديد والألمنيوم.

صناعة هندسية

نوع من الصناعة يضم الكثير من الصناعات كالأدوات والآلات وبناء السفن والقاطرات والمعدات والآليات والأجهزة الإلكترونية والكهربائية، وهي بذلك تحوي صناعات ثقيلة وأخرى خفيفة.

صورة جوية

صورة لمنطقة ما، تلتقط من طائرة وما نحوها، وقد تكون ملونة بألوان حقيقية أو غير حقيقية أو غير ملونة. (شكل 23).

صورة جوية رأسية / عمودية

صورة لمنطقة ما، تلتقط من الجو عندما يكون محور آلة التصوير رأسياً أو شبه رأسي، بحيث لا يظهر فيها الأفق. وهي أكثر الصور الجوية فائدة واستخداماً، وتغطي الصورة الواحدة مساحة صغيرة من الأرض مقارنة بالصورة الجوية المائلة عند استخدام نفس عناصر التصوير وبنفس الحالة. (شكل 23).

صورة جوية مائلة / غير عمودية

صورة لمنطقة ما، تلتقط من الجو حيث يوضع محور آلة التصوير عن قصد بين الوضع العمودي والوضع الأفقي وقد تكون صوراً قليلة الميل لا يظهر فيها الأفق، وشديدة الميل يظهر فيها الأفق. (شكل 23).

صورة فضائية

صورة لمنطقة ما، تلتقط بوساطة قمر اصطناعي يدور حول الأرض. وتستخدم تقنيات حديثة متطورة في التقاط وبث واستقبال وتحميل ومعالجة هذه الصور للحصول على معلومات منها.

الصين الجنوبي (بحر)

امتداد في غرب المحيط الهادي، مساحته نحو 2,319,000 كم^2، يقع إلى الجنوب من الصين، ويقع بين جزر الفلبين شرقاً وفيتنام غرباً. (شكل 49).

الصين الشرقي (بحر)

امتداد في غرب المحيط الهادي، مساحته نحو 1,249,000 كم^2، يقع إلى الشرق من الصين، ويجاور البحر الأصفر شمالاً وتايوان جنوباً والمحيط الهادي شرقاً. (شكل 49).

حرف الضاد

ضبـاب

تجمع كبير من قطرات صغيرة متطايرة من الماء في الجو القريب والملامس لسطح الأرض، وتبقى هذه القطرات عالقة بالهواء مما يؤدي إلى تدني مدى الرؤية الأفقية إلى أقل من 1000متر، ويكثر تكوّن الضباب في الجهات الساحلية، والقريبة من المسطحات المائية أكثر من الجهات البعيدة عنها، كما يكثر في الفصول والأوقات الباردة وهو على أنواع عدة. وهناك الضباب الذي ينتج عن دخان المصانع وعوادم السيارات ويدعى " الضباب الدخاني ".

ضباب أرضي

ضبات منخفض، يتشكل في الأماكن المنخفضة، ولا يصل في ارتفاعه إلى قاعدة أي غيمة من الغيوم.

ضباب إشعاع

ضباب رقيق، يتشكل في الصباح الباكر، خاصة في الأدوية والمنخفضات ويدوم فترة قصيرة، وسمكه نحو 30 متراً، ويتشكل عندما يبرد سطح الأرض سريعاً نتيجة لفقدان الحرارة ليلاً عن طريق الإشعاع.

ضباب انتشار

ضباب ينتج عن تبرد هواء رطب متحرك إلى أعلى فوق مقدمات ومنحدرات الجبال المواجهة له، ويحدث في أواخر الشتاء والربيع. ويطلق عليه أحياناً ضباب التسلق.

ضباب تأفق

ضباب ينتج عن حركة هواء حار رطب أفقياً فوق سطح تيار مائي بارد، ويتشكل مثل هذا النوع في مناطق التقاء التيارات البحرية الدافئة مع الباردة.

ضباب مدن

ضباب يتشكل عندما يفقد سطح الأرض حول المدن الكبرى جزءاً من حرارته بالإشعاع، فيبرد الهواء الملامس لسطح الأرض ليلاً، ليتكاثف في الصباح الباكر الهواء البارد حول الشوائب والغبار والرماد والدخان المنتشر في

هواء المدن الصناعية. وبذلك يكون هذا الضباب قد تكوّن وتغير لونه بفعل المواد أنفة الذكر، ويتسبب في إيذاء سكان المنطقة، بل ووفاة بعضهم أحياناً.

ضغط جوي

وزن عمود الهواء الواقع على وحدة المساحة. ويعادل وزن عمود من الزئبق طوله 76سم (29.92 بوصة) وهذا يكافئ 1013.2 مليبار عند مستوى سطح البحر، أي 1033 غرام على السنتمتر المربع الواحد. ويتناقص الضغط الجوي بالارتفاع عن سطح البحر، كما يتاثر بدرجة الحرارة، ويقاس بجهاز البارومتر ووحدة قياسه المليبار.

ضغط جوي مرتفع

يعتبر الضغط الجوي مرتفعاً في منطقة ما نسبة إلى ما يجاورها من مناطق، ويعتبر ما يزيد على1013.2 مليبار ضغطاً جوياً مرتفعاً.

ضغط جوي مرتفع آزوري

منطقة من الضغط الجوي المرتفع مركزها جزر الآزور في الجزء الشمالي من المحيط الأطلسي. وهي منطقة شبه دائمة، وحركتها بطيئة، وتبلغ أقصى امتداد لها صيفاً، حيث تبلغ الجزر البريطانية وغرب أوروبا، وتتراجع إلى جزر الأزور شتاء.

ضغط جوي مرتفع سيبيري

منطقة من الضغط الجوي المرتفع، تتركز على شمال قارة آسيا، بين خطي عرض 40°-60° شمالاً في فصل الشتاء، وذلك بفعل برودة اليابسة في هذا الفصل، وتخرج من هذه المنطقة الكتل الهوائية القطبية الباردة والتي تصل بدورها حتى المنطقة شبه المدارية شتاء.

ضغط جوي مرتفع هاواي

خلية من الضغط الجوي المرتفع تتركز على عروض الخيل في شمال المحيط الهادي، وتتسع وتزداد بقوة في فصل الصيف.

ضغط جوي منخفض

يعتبر الضغط الجوي منخفضاً في منطقة ما نسبة إلى ما يجاورها من مناطق، ويعتبر ما يقل عن 1013.2 مليبار ضغطاً جوياً منخفضاً.

ضغط جوي منخفض استوائي

نطاق من الضغط الجوي المنخفض على طول المنطقة الاستوائية باتساع يتراوح بين 20-25 درجة عرضية، ويتحرك شمالاً وجنوباً وفق حركة الشمس الظاهرية، ويتشكل هذا النطاق بفعل ارتفاع درجة الحرارة طول العام.

ضغط جوي منخفض ألوشي

خلية من الضغط الجوي المنخفض، تتركز على شمال المحيط الهادي قرب جزر ألوشيان (الوتيان) وهي ظاهرة شبه دائمة، وتزداد حدة في فصل الشتاء.

ضغط جوي منخفض ايسلندي

منطقة ضغط جوي منخفض شبه قطبي، تقع بين شبه جزيرة أيسلندا وجزيرة غرينلاند في شمال المحيط الأطلسي، وتزداد حدة في فصل الشتاء.

ضفـة نهـر

جانب من جوانب النهر، وما يليها من أراض، وهي أرض منحدرة تجاور الماء، وتتألف من إرسابات نهرية، أو صخور شقها النهر. وتقسم إلى ضفه يمنى وضفه يسرى، وذلك وفق جريان النهر، وبذلك لا تقع الضفة اليمنى أو اليسرى لكل الأنهار على جهة جغرافية واحدة.

حرف الطاء

طاقـــة

القدرة على أداء الشغل ومنها الطاقة المتجـددة أي التـي لا تنضـب كطاقـة الشـمس، والمـد والجزر، والرياح، ومنها غير المتجددة التي تنضب كالفحم الحجري والبترول.

طاقــة أمــواج

طاقة متجددة، يمكن توليدها من أمواج البحار والمحيطات القوية والتي تسببها الرياح.

طاقة حرارة الأرض

طاقة متجددة، مصدرها حرارة بـاطن الأرض، ومنهـا طاقـة البخـار الحـار المتصـاعد، وطاقة وحرارة المياه الحارة الباطنية، وطاقة حرارة الصـخور الحـارة، ويمكـن تحويـل هـذه الطاقة من حرارية إلى طاقة كهربائية وغيرها.

طاقــة حيويــة

طاقة يمكن الحصول عليها مـن معالجـة النفايـات العضـوية أي مخلفـات الكائنـات الحية، حيث تطلق غازات يمكـن الاسـتفادة منهـا، ومـن هـذه النفايـات روث الحيوانـات، والتي تستخدم كمصدر للحرارة.

طاقة ريـــاح

طاقة يتم الحصول عليها من قوة الرياح، ومن أشكال استخدامها دفع أشرعة السفن والقوارب وإدارة طواحين الهواء، ويمكن تحويل طاقتها الحركية إلى طاقـة كهربائيـة حيـث تستخدم لأغراض متعددة.

طاقة شمسية

طاقة متجددة، يستفاد منها نهاراً، ويمكن تخزينها للاستخدامات الليلية، حيث تحول الطاقة الشمسية إلى طاقة كهربائية، وأبسطها وأكثرها شـيوعاً اسـتخدامها كطاقـة حراريـة لتسخين المياه في المنازل.

طاقة غير متجددة

طاقة غير دائمة، تنضب نتيجة لعدم تجددها، ولا يتكون بدلاً عنها، ومنها البترول والفحم وهما مادتان تكونتا خلال ملايين السنين ويتم استهلاكهما سريعاً.

طاقـة مائيـة

طاقة يرتبط وجودها بحركة الماء وسقوطه من مكان إلى آخر أقل ارتفاعاً، ومنها تُولّد الطاقة الكهربائية مثل الشلالات وهي مساقط مائية طبيعية، والسدود وهي مساقط مائية صناعية عبر أنابيب، وكذلك طاقة المد والجزر التي تنتج عن اختلاف منسوب مياه البحار والمحيطات بفعل جاذبية القمر، هذا إضافة للطاقة المنتجة من حركة الأمواج.

طاقـة متجـددة

طاقة دائمة الوجـود، لا تنضب رغـم استخدامها المستمر والمتكرر، ومنها الطاقـة الشمسية، والطاقة المنتجة من حركة المد والجزر وحرارة الأرض الباطنية.

طاقـة نوويـة

طاقة تولد من مادة اليورانيوم، وهي ذات طاقة حرارية عالية ويحتاج توليـدها إلى متطلبات مادية وعلمية عالية، والتعامل معها له أخطاره الكبيرة.

طبقـة اجتماعيـة

عدد كبير من الأفراد تربطهم روابط اقتصادية أو اجتماعية، وتبعاً لذلك يتشابهون في مستواهم المعيشي.

طبقة صخريـة

منطقة من الصخر، متفاوتة السمك، تشكل جزءاً من قشرة الأرض، وقد تكون أي كتلة رسوبية لها خصائص متجانسة، وتفصلها سطوح عما يعلوها أو يدنوها من طبقات أخرى.

طبقة كتيمة

طبقة صخرية متماسكة، غير منفذة للماء أو البترول، وتقوم عادة بمنعهما من التغلغل في باطن الأرض لأعماق أكبر مما هي عليه.

طوبوغرافية انظر خرائط طبوغرافية.

طوبوغرافية كارست

الكارست إقليم في جمهورية سلوفينيا الأوروبية، وأصبح هذا الاسم يطلق على أي منطقة متشابهة في تكوينه من الحجر الكلسي (الجيري) وبها مجاري مائية تحت سطح الأرض، وحفر بالوعية وشواهد جيرية وتلال، أما مصطلح طوبوغرافية الكارست فيعني الأشكال الأرضية الناتجة عن عمل المياه الجوفية في الصخور الكلسية. (الشكل 8).

طرد / عامل طرد سكاني

أسباب تؤدي إلى ترك الإنسان مكان إقامته (سكنه) ليقيم في مكان آخر مدة تطول أو تقصر، ومن عوامل الطرد الريفي إلى المدينة: الضغط على الأراضي الزراعية، وقلة فرص العمل المتاحة في الريف، ونقص الخدمات فيه. ومن عوامل الطرد من الدولة الأم إلى خارجها: قلة الموارد، وقلة فرص العمل المتاحة، والحروب، والاضطهاد.

طَفْل

ويسمى الطين الصفحي، طين متحجر، يتالف من ذرات رسوبية ناعمة، ويتكون من انضغاط الطين بفعل ثقل الصخور التي تعلوه.

طقس

الحالة الراهنة للجو، أو المتوقعة لفترة قصيرة قادمة لمكان معين، وتشمل درجة الحرارة والضغط الجوي والرياح وأشكال التكاثف والتساقط المختلفة وسطوع الشمس (التغيم).

طمـي انظر غرين.

طول العاصفة
المدة الممتدة من بداية هطول الأمطار وحتى توقفها.

طيـن انظر صلصال

حرف الظاء

ظـل المطـر

منطقة قليلة المطر نسبياً، تقع على جانب الجبال المعاكس لاتجاه الرياح السائدة، وتعود قلة المطر لفقدان الرياح معظم ما بها من بخار الماء الذي يسقط على شكل أمطار على السفوح المواجهة للرياح، كما أن الرياح بعد فقدانها للبخار تصبح دفيئة بسبب هبوطها وما يصحب ذلك من عملية تسخين، وبسبب إضافة الحرارة الكامنة الناتجة عن تكاثف بخار الماء.

ظهير / حوز الميناء

منطقة تجاور المياه البحرية أو النهرية، وتتوفر فيها معظم الصادرات التي يتم تصديرها عن طريق الميناء الواقع على هذه المياه، وكذلك تستهلك ما يتم استيراده عن طريقه.

حرف العين

عاصفة

- أي شكل من أشكال الاضطراب الجوي الشديدة كالعواصف الرعدية والمطرية والغبارية والرملية وغيرها.

- رياح شديدة تتراوح سرعتها بين 103 - 114 كم/ساعة (53-56 عقدة/ساعة) وفق مقياس بوفورت للرياح، ولها تأثير مدمر على اليابسة إن تعرضت لها، كما تتسبب بأمواج عالية في البحر.

عاصفة ممطرة

هطول أمطار غزيرة جداً على منطقة حارة عادة، ولفترة زمنية محدودة قد تكون يوماً أو بعض يوم، ويمكن أن تكون كمية المطر تقارب كمية المطر الساقطة في موسم المطر أو في عام كامل.

عاصمة

مدينة تقوم بوظيفة مركز الحكم كمقر الحكومة في الدولة، أو مركزاً لإدارة المنطقة من الدولة، وبذلك تكون عاصمة إقليم ما، وهي غالباً أكبر المدن وأكثرها أهمية.

العالم الجديد

مصطلح يقصد به قارات أمريكا الشمالية وأمريكا الجنوبية وأوقيانوسيا، وقد بدأ الكشف الجغرافي الأوروبي لهذه القارات في نهاية القرن الخامس عشر الميلادي. وقد كانت مأهولة بالسكان الأصليين عند كشفها واستعمارها.

العالم القديم

مصطلح يقصد به قارات آسيا وأفريقيا وأوروبا، وهي القارات التي عاش فيها الإنسان وعرفها قبل باقي القارات، حيث عرفت باقي القارات بالعالم الجديد.

عجز تجاري

زيادة قيمة الواردات على قيمة الصادرات في الميزان التجاري لدولة ما، وهو بدوره الفرق بين القيمة الكلية لصادراتها ووارداتها.

عجز مائي

نقص كميات الماء المتوفرة عن الكمية المطلوبة، أي أن كمية الماء المستهلك أكبر من الكمية المتوفرة.

عرض النهر

اتساع مجرى النهر، أي المسافة الأفقية بين ضفتيه.

عِرْق

- تجمع منتظم من الكثبان الرملية الثابتة في الصحراء الكبرى، كما يطلق المصطلح على الصحراء الرملية.

- شريط أو امتداد من المعدن يملأ شقاً في الصخر ترسب بفعل الذوبان.

- سلاله: مجموعة من البشر تتميز بصفات جسمية وراثية خاصة تميزها عن غيرها. ويعني التركيب العرقي للسكان (الإثني) أصولهم.

عـروض

جمع خط عرض أو درجة عرض، والعروض هنا منطقة تمتد على عدد من درجات (خطوط) العرض، ومن ذلك القول: عروض الخيل.

عروض الخيل

دوائر العرض الممتدة بين 30°-35° شمال وجنوب خط الاستواء، أو حول خطي عرض 30° شمالاً وجنوباً حيث الرياح خفيفة والطقس جاف ومستقر. أما سبب التسمية فغير مؤكد وإن قيل أن الخيول كانت تلقى في البحر لتخفيف حمولة السفن بين أوروبا وأمريكا. (شكل 42).

العروض الدنيا

منطقة دوائر العرض في المنطقة الاستوائية والمنطقة شبه المدارية، أي الممتدة بين خط الاستواء و 23.59^{o} شمالاً وجنوباً.

العروض العليا

منطقة دوائر العرض في المناطق القطبية وشبه القطبية، أي 66.5^{o} - 90° شمال وجنوب خط الاستواء.

العروض الوسطى / المعتدلة

منطقة دوائر العرض بين المنطقة شبه المدارية والمنطقة شبه القطبية. أو المنطقة الواقعة بين العروض العليا والدنيا.

عصر جليدي

فترة جيولوجية اتسمت بانتشار أغطية الجليد فوق اليابسة، وقد تكررت هذه الفترة، وكان آخرها عصر البليستوسين أول عصور الزمن الجيولوجي الرابع.

عصر جيولوجي

فترة زمنية طويلة، تتفاوت في مدتها، وتتميز بحدوث أحداث جيولوجية معينة تركت آثارها على الحياة، والعصر الجيولوجي جزء من الزمن الجيولوجي وهو بدوره فترة من التاريخ الجيولوجي للأرض.

عطارد

أقرب الكواكب السيارة إلى الشمس (57,910,000 كم) وثامنها حجماً (0.05 من حجم الأرض) وليس له أقمار، ومدة دورانه حول نفسه 58.7 يوماً، وحول الشمس 88 يوماً. (شكل 37).

عكسية (الرياح الغربية) (رياح)

رياح دائمة تهب من مناطق الضغط المرتفع حول دائرتي (خطي) عرض 30 درجة شمالا وجنوباً متجهة نحو القطبين، وهي رياح جنوبية غربية في نصف الكرة الشمالي، وشمالية غربية في نصف الكرة الجنوبي، وهي أكثر

انتظاماً في نصف الكرة الجنوبي، وأقل انتظاماً في النصف الشمالي إذ تتغير سرعتها واتجاهها من حين لآخر في النصف الشمالي، وهي أكثر قوة في فصل الشتاء عنها في فصل الصيف وتتميز برطوبتها ودفئها النسبي كونها تهب من مناطق معتدلة إلى مناطق باردة نسبياً، ومن ثم يصحبها جو دافئ. (شكل 42).

عمالة مهاجرة

الأيدي العاملة التي تعمل خارج أوطانها في دول أخرى تحتاجها، وتعتبر في تلك الدول عمالة وافدة. فالعمال الهنود الذين خرجوا من الهند عمالة مهاجرة في الهند، وعمالة وافدة في دول الخليج.

عمالة وافدة

الأيدي العاملة التي تعمل في دولة غير بلادها، وتعتبر بالنسبة لبلادها التي خرجت منها عمالة مهاجرة.

عمران

مصطلح يقصد به أنواع وأنماط المساكن البشرية كالعمران الريفي والمدني.

عمر نفط

سنوات نضوب النفط واستهلاكه في ضوء معدلات الإنتاج القائمة، ويتوقع تغيّر الرقم الذي يشير إلى هذه السنوات وفق المكتشفات الجديدة من حقول البترول، ومعدلات الإنتاج.

عمليات جيومورفولوجية

عمليات يتم من خلالها تشكيل سطح الأرض بمعالمه المختلفة، وتشمل التعرية بمختلف أشكالها والنقل والإرساب أيضاً، ومنها عمليات سريعة كالانزلاقات والانهيارات الصخرية والطينية، ومنها البطيئة كتكوين الدلتاوات.

عناقيد نجمية

تجمعات لأعداد هائلة من النجوم المتقاربة، حيث يصل عدد البعض منها إلى عدة آلاف، وفي المجرة آلاف من هذه العناقيد.

عنوان الخارطة

اسـم الخارطة، ويكتب بشكل واضح في مكان بازر، وغالبا، مـا يكـون أعلاهـا، ويشـير عادة إلى موضوع الخارطة، أو اسم المنطقة التي تبينها أو تغطيها الخارطة، أو كلاهما معاً.

عوامل تعرية / نحت

العوامل المؤثرة في تشكيل معالم سطح الأرض، وتؤدي إلى تفتت صخور سطح الأرض، ويختلف تأثيرها وفق خصائص الصخر وأحوال المناخ السائد والنبات ومقدار انحدار سطح الأرض. وهذه العوامل هي: المياه الجارية والرياح والجليد والشمس.

حرف الغين

غابـــة

مساحة واسعة من الأرض، تغطي الأشجار معظمها، ومنها غابات نفضية تسقط أوراقها في وقت ما من السنة، وغابات دائمة الخضرة لا تفقد أوراقها دفعة واحدة. (شكل 32).

غابة استوائية

غابة كثيفة الأشجار، دائمة الخضرة بسبب الأمطار الغزيـرة طـوال العـام والمصحوبة بارتفاع درجة الحرارة، متشابكة الأغصـان، وتوجد بينها نباتات متسـلقة، وأخشابها مـن النوع الصلب ومنها خشب الأبنوس الثمين. (شكل 32).

غابة دائمة الخضرة

غابة ذات أشجار تحتفظ بأوراقها طوال العام، ولا تفقدها في موسم أو فصل محدد، ومنها أشجار المناطق الاستوائية التي تسقط أمطارها طـوال العـام، والغابات المدارية المطيرة في المناطق الموسمية، ومنها أشجار لديها القـدرة عـلى مقاومـة نقص المطر حيـث تصبح أوراقها إبرية الشكل، ومنها أيضاً ما تغطي أوراقها طبقة شمعية لتقليل خروج المـاء في عملية النتح.

غابة رواقية

غابة الدهليز، أشرطة من الأشجار الكثيفة، تنمو على ضفاف أنهار مناطق السـافانا أو البراري الجافة منها والرطبة، وتلتقي أعالي الأشجار والنباتات مشكلة ما يشبه النفق.

غابة عريضة الأوراق

غابة أشجارها ذات أوراق عريضة لوفرة المطر وارتفاع درجـة الحـرارة فتنمـو نمـواً كثيفاً، وتسقط الأوراق عادة قبل موسم سقوط الثلج إن كانت تنمـو في منطقـة بـاردة، أو تسقط في الفصل الحار من السنة حيث تتخلص من أوراقها قبل سـقوط المطر في الموسـم الجديد، ومنها أشجار الغابة الموسمية، وكثير من غابات المناطق المعتدلة.

غابة مدارية مطيرة انظر غابة استوائية.

غابة موسمية

نوع من الغابات تنمو أشجارها في مناطق المناخ الموسمي، والذي يتصف بوجود فصل جاف من السنة، وتوجد في الهند وشمال أستراليا وميانمار (بورما) ومناطق أخرى، ويسقط النبات أوراقه في الفصل الجاف، ومن أنواع أشجارها التيك والأكاسيا.

غابة نفضية

نوع من الغابات تسود فيها أشجار تسقط أوراقها في فصل أو موسم محدد من السنة، كفصل الخريف في المناطق المعتدلة، ويساعدها التخلص من أوراقها في تقليل النتح خلال فصل الشتاء حيث تتجمد المياه في الأرض، أو أنها باردة بحيث لا تمتصها جذور الشجرة، ومعظم أشجار هذا النوع من الغابات عريض الأوراق رغم أن بعضاً منها أوراقها أبرية، ومن أنواع الأشجار النفضية البلوط والكستناء. (شكل 32).

غاز طبيعي

مزيج غازي من الميثان وغازات أخرى، ويوجد فوق رواسب النفط في الأرض بسبب قلة كثافته، ويستخدم في أغراض متعددة كتوليد الطاقة الكهربائية أو الاستعمال المباشر.

غاطـس

- غاطس السفينة: مقدار الجزء المغمور بالماء من السفينة، وهناك حدود معروفة لإبحار السفن في القنوات الملاحية والأنهار حيث يبين الحد الأقصى- الآمن لغاطس السفينة المبحرة.

- غاطس الميناء: مقدار عمق مياه ميناء رسو السفن.

غرب أستراليا (تيار)

تيار بارد يبدأ من الجنوب متجها نحو الشمال الغربي مارا بسواحل أستراليا الجنوبية الغربية، وهو من تيارات المحيط الهندي.

غرب أوروبا / السواحل الغربية (إقليم)

يقع في غرب القارات بين دائرتي عرض 40°-60° شمال وجنوب خط الاستواء. ويتمثل هذا الإقليم بأكبر مساحة في غرب أوروبا إذ يمتد من شبه جزيرة اسكندنافيا شمالاً حتى سواحل البرتغال وإسبانيا، والساحل الشمالي الغربي للولايات المتحدة، والغربي جنوب شبه جزيرة الاسكا/ أمريكا الشمالية، وأقصى جنوب غرب أمريكا الجنوبية (جنوب تشيلي)، وجزيرة تسمانيا في أستراليا وجنوب نيوزيلندا في أوقيانوسيا ومنشوريا/الصين، وشمال اليابان في آسيا، وهو معتدل الحرارة صيفاً وشتاء، وأمطاره طوال العام، مع غزارة أكثر في فصل الشتاء. وساعد على ذلك تعرضه لهبوب الرياح الغربية الرطبة وتأثره بالتيارات البحرية الدافئة (انظر التيارات البحرية)، وتنمو به غابات الصنوبر والغابات النفضية. (شكل 31).

غـــرد

وجمعها غرود، وهي كثبان رملية طولية أو مستطيلة الشكل، تمتد مع اتجاه الرياح السائدة. (شكل 50).

غرين / طمي

رواسب نهرية تتكون من دقائق صخرية أدق من الرمل وأغلظ من الطين، ويفتقر للدانة (قابلية التشكيل)، وتماسكه قليل أو معدوم عند جفافه، وهو تربة زراعية خصبة.

غزارة المطر

كمية المطر الهاطلة أو الساقطة خلال فترة زمنية معينة مثل ملم/ساعة أو ملم/يوم، وتتناسب غزارة المطر طردياً مع زيادة حجم قطراته، ويمكن تصنيف غزارة المطر على النحو التالي:

- مطر خفيف جداً: لا يؤثر على مدى الرؤية.

- مطر خفيف: مدى الرؤية كيلو متر واحد فأكثر.

- مطر معتدل: مدى الرؤية بين 0.5-1كم.

- مطر غزير: يقل مدى الرؤية عن 0.5كم.

غسل التربة

عملية انتقال المواد العضوية والأملاح المعدنية الذائبة من سطح التربة إلى داخلها بفعل المياه.

غطاء جليدي

كتلة واسعة مسطحة من الجليد والثلج، وقد انصهرت معظم أغطية الجليد في العالم ولم يتبقى منها إلا ما يغطي جزيرة غرينلاند في المحيط الأطلسي الشمالي، والقارة القطبية الجنوبية (انتاركتيكا). (شكل 31).

غطاء نباتي

الحياة النباتية لمنطقة ما، وتختلف الأغطية النباتية تبعاً لعدة عوامل منها: المناخ والتضاريس والتربة والكائنات الحية، إضافة إلى دور الإنسان الذي يؤثر تأثيراً بالغاً في ذلك.

غلاف جوي / اتموسفير

غازات مختلفة تحيط بالكرة الأرضية، أهمها الأكسجين بنسبة 20%، والنيتروجين (الأزوت) 79%، وثاني أكسيد الكربون 0.3%، وغازات أخرى إضافة لبخار الماء وذرات الغبار والدخان وغيرها، وتتناقص كثافة هذا الغلاف بالارتفاع عن سطح البحر. ويتألف من أربع طبقات هي من الأسفل إلى الأعلى: تروبوسفير وستراتوسفير وايونوسفير واكسوسفير. (شكل 46).

غلاف صخري / القشرة الأرضية

القشرة الأرضية التي يعيش عليها الإنسان والكائنات الحية الأخرى، ويشكل الجزء الخارجي الصلب من الكرة الأرضية، ويتألف هذا الغلاف من التربة والصخر، وهو غلاف غير متجانس، ويرتكز على الغلاف المائع الواقع أسفل منه، وأقل جهات الغلاف الصخري سمكاً هي الواقعة أسفل المحيطات، وأكثرها سمكاً الواقعة أسفل اليابسة.

غلاف مائع

طبقة غير مستقرة تحيط بنواة الأرض مباشرة، وتكون من مواد لزجة تعتبر مصدراً للآبا (اللافا) التي تندفع من البراكين، ويقع الغلاف الصخري فوق هذا الغلاف.

غلاف مائي

طبقـة المـاء التـي تغطـي نحـو ثلثـي مسـاحة سـطح الكـرة الأرضيـة مكونـة بـذلك المحيطات والبحار والبحيرات.

غـــور

أرض منخفضة المنسوب يـن منطقتين مـرتفعتين مـتوازيتين، هبطـت بفعـل حركـات التوائية أو صـدعية، وهـي ذات جوانـب شـديدة الإنحـدار ومـن أشـهرها حفـرة الانهـدام الآسيوي - الإفريقي. (شكل 7).

غيض السكان

قلة عـدد السـكان فـي منطقـة مـا عـن العـدد المناسـب لتنميـة المنطقـة وتطويرهـا واستغلال مواردها، وعكسه فيض السكان.

غيوم انظر سحب بأنواعها.

حرف الفاء

فائض غذائي

الزيادة في إنتاج دولة ما من سلعة أو سلع غذائية عن حاجة سكانها، وتقوم بتصديره إلى غيرها من الدول ذات الحاجة إما بيعاً أو كهدية ضمن برامج المساعدات.

فائض مائي

توفر كميات من المياه في منطقة أو دولة ما، وزيادتها عن حاجتها الاستهلاكية. ويمكن لهذه الدولة بيع هذه الكميات للغير، أو الاحتفاظ بها في مكامنها توفيراً على سبيل الاحتياط.

فاصل كنتوري / مسافة كنتورية

المسافة العمودية (الرأسية) بين خطي كنتور متتاليين، ويحدد الفاصل الكنتوري وفق مقياس رسم الخارطة الطوبوغرافية، ووفق مقدار تضرس وتعقد سطح المنطقة المعنية. (شكل20).

فجوة غذائية

الفرق بين مقدار الطلب (الحاجة)، والإنتاج المحلي من سلعة أو مادة غذائية معينة، وذلك تبعاً لعدد السكان المستهلكين لهذه المادة، ودخولهم وقدرتهم الشرائية.

فحم حجري

مادة صلبة عضوية الأصل، عرفها الإنسان منذ القدم، وزاد استهلاكه منها في القرن التاسع عشر، حيث كان المصدر الأول للطاقة.

الفرات (نهر)

نهر طوله 2736 كم، ينبع من شرق تركيا ويجري عبر سوريا والعراق، ويلتقي بنهر دجلة في جنوب العراق ليكونا شط العرب الذي يصب في الخليج العربي، يقال أن اسمه من لفظ آشوري يعني "سفينة" أو من لفظين يعنيان "أبو الأنهار" أو "نهر عظيم" وقيل يعني اسمه بالسومرية "النهر الكبير".

فَلَج

نفق صناعي يمتد أفقياً في طبقة صخرية تحوي مياهاً جوفية، تتخلله فتحات تصل إلى سطح الأرض لإخراج مواد الحفر ولإجراء الصيانة، ولإدخال هواء تنفس لمن يحفره ومن يقوم على صيانته لاحقاً، وهناك جزء مكشوف بشكل قناة مياه سطحية. ويستفاد من مياه الفلج لغايات الري والاستخدمات المنزلية المختلفة، وتكثر الأفلاج في سلطنة عمان وإيران والسعودية والإمارات العربية المتحدة.

فوسفات

بقايا كائنات بحرية تحللت بعد أن غطتها رواسب هائلة، وبعد انحسار مياه البحر عنها. ويستفاد منه في إنتاج الأسمدة وصناعات كيماوية أخرى. ومن الدول المنتجة الولايات المتحدة والمغرب والصين والأردن.

الفولغا (نهر)

أطول أنهار أوروبا (3685 كم) ومعظمه صالح للملاحة، يجري في شرق أوروبا ويصب في بحر قزوين، قد يعني اسمه بلغة سلافية "عظيم".

فوهن (رياح)

رياح محلية دافئة وجافة تهب على منحدرات ظل المطر في الجبال، وهي في الأصل رياح رطبة فقدت رطوبتها بعد مرورها على السفوح الجبلية المواجهة لاتجاه الرياح حيث تسقط الأمطار نتيجة تكاثف بخار الماء، وعندما تصل إلى منحدرات ظل المطر تكون جافة ودافئة بل تزداد حرارتها عند نزولها، والاسم من الرياح التي تهب على السفوح الشمالية لجبال الألب، ولها أسماء أخرى في مناطق من العالم، مثل: شنوك في الجانب الشرقي لجبال روكي في أمريكا الشمالية، نوروستر في كل من نيوزيلندا والهند، ومنها الرياح التي تهب في القسم الغربي من جبال اليمن وسهل تهامة. ويقال: أن اسمها من كلمة يونانية تعني "نار" وقيل: من كلمة سويسرية المانية ذات أصل لاتيني تعني "الريح الغربية" وقيل: من كلمة لاتينية تعني "مفضل" لأنها توقف برد الشتاء.(شكل 17).

فيض السكان

زيادة عدد السـكان في منطقة ما عن العدد المناسـب الذي يمكن أن يعيش من مواردها الاقتصادية، مما يستنفذ هذه الموارد ويشيع البطالة .وعكسه غيض السكان.

فيضان

الطوفان، وهو إغراق أي منطقة لا تغطيها المياه عادة، ويحدث الفيضان بسبب ارتفاع مؤقت لمنسوب مياه نهر أو بحر أو بحيرة، كما قد يتسبب به انصهار الجليد والثلج أو سقوط أمطار غزيرة.

حرف القاف

قـارة

مساحة هائلة من الأرض، تشكل إحدى الكتل الرئيسة لليابسة من الكـرة الأرضـية. والقارات هي: آسيا وأفريقيـا وأوروبـا والأمريكتـان وأوقيانوسـيا (أسـتراليا وجـزر المحـيط الهادي) والقارة القطبية الجنوبية (انتاركتيكا).

قـــاع

منطقة منخفضة من الأرض، تحيط بها مناطق مرتفعة، وهي ذات مكونـات سـطح خاصة بها، ومن القيعان ما هو طيني ومنها ما هو ملحي.

قبلي (ريـاح)

رياح محلية مترية، تهب من المرتفعات الليبيـة الداخليـة عـلى وجـه الخصـوص، وبـلاد المغرب العربي بشكل عام من الصحراء الكـبرى نحـو البحـر المتوسـط، وهـي نـوع مـن ريـاح السيروكو أو الخماسين.

قحل / قاحل

أرض جرداء نباتياً لعدم سقوط المطر عليها.

القرن الإفريقي

شبه جزيرة كبيرة في شرق أفريقيا، ويشكل أكثر جهات القارة امتـداداً نحـو الشرـق، ويبدو بشكل قرن ضخم يتجه نحو الشرق أو الشمال الشرقي. ويطلق الاسم على الصومال وجنوب شرق أو كامل أراضي أثيوبيا وأحياناً جيبـوتي، وتسـمى المنطقـة في بعـض المراجـع باسم شبه جزيرة الصومال، ويطل القرن الأفريقي على المحيط الهندي وخليج عدن، وهـو منطقة نزاعات متعددة.

قريـــة

مجموعة بيـوت في الريـف. وهـي أصـغر مـن البلـدة، وتوجـد القريـة كمسـتوطنة زراعية، ولكن بعض القرى تحولت عن ذلك.

القشرة الأرضية انظر الغلاف الصخري.

القطاع الخـاص

الهيئات والمؤسسات الاقتصادية والصحية والتعليمية وغيرها التي تملكها جهات خاصة غير حكومية.

القطاع العام

الهيئات والمؤسسات الاقتصادية والاجتماعية والصحية والتعليمية وما شابهها التي تمتلكها الدولة ومؤسساتها، وتتبع هذا القطاع الهيئات الاقتصادية الحكومية.

القطب الجنوبي

الطرف الجنوبي لمحور دوران الكرة الأرضية، وهو خط العرض 90 درجة جنوب خط الاستواء، وهو نقطة ثابتة لا تتحرك مع دورانها.

القطب الشمالي

الطرف الشمالي لمحور دوران الكرة الأرضية، وهو خط العرض 90 درجة شمال خط الاستواء، وهو نقطة ثابتة لا تتحرك مع دورانها.

قطبي (إقليم)

يوجد هذا الإقليم شمال دائرة العرض 60° شمال وجنوب خط الاستواء، ويوجد فيه نموذجان، إقليم التندرا (انظر التندرا)، وإقليم الصقيع الدائم. ويتمثل الإقليم القطبي ذو الصقيع الدائم في الجهات الساحلية من أوراسيا وأمريكا الشمالية المطلة على المحيط المتجمد الشمالي، ومجموعة الجزر الممتدة شمال القارتين وكذلك جزيرة جرينلند، وقارة أنتاركتيكا في نصف الكرة الجنوبي. (شكل 31).

قمـر

جسم سماوي صغير نسبياً، يدور حول أحد الكواكب السيارة، وللأرض قمر واحد هو القمر، وللمشتري ثمانية أقمار...الخ.

قمر اصطناعي انظر ساتل.

قنـاة

مجرى مائي صناعي يستخدم للملاحة أو الري أو كلاهما، وتشق القناة عموماً لتصل بين نهرين أو بحرين أو نهر وبحر بقصد تسهيل الملاحة، وتقصير المسافة بين المناطق المختلفة.

قوام تربـة

نسيج التربة، خاصية هامة للتربة، وتعتمد على حجم دقائق التربة، ولهذا أثره في مقدار ومدى احتفاظ التربة بالماء، ومدى نفاذيتها له، فالتربة الطينية على سبيل المثال توصف بأنها ناعمة، أما الرملية فهي خشنة.

قوة تحدّر الضغط

قوة تعمل على انتقال الهواء من منطقة الضغط المرتفع إلى منطقة الضغط المنخفض قريباً من سطح الأرض (ويسمى الهواء المتحرك باسم الرياح)، وتزيد هذه القوة بازدياد الفرق بين المنطقتين.

قوة كوريولس / كريولي

قوة تحمل اسم العالم الفيزيائي الفرنسي الذي أثبت رياضياً تأثير دوران الأرض على الأجسام المتحركة فوق سطحها. وهي قوة تعمل على حرف الأجسام المتحركة فوق سطح الأرض إلى يمين اتجاهها (أي يمين اتجاه حركتها الأصلية) في نصف الكرة الشمالي وإلى يسار اتجاهها في نصف الكرة الجنوبي، وذلك بسبب دوران الأرض حول محورها، وتتباين درجة انحراف الأجسام حسب درجة العرض بسبب اختلاف سرعة دوران الأرض تبعاً لذلك.

قور / موائد صخرية

التلال الشاهدة. وهي البقية الباقية من الهضاب القديمة بفعل الحت الهوائي والمائي في المناطق الصحراوية، وتتميز بأن طبقاتها العلوية أكثر صلابة من الطبقات السفلية.

قومية

إحساس بالوحدة يربط سكان دولة أو أمة ببعضهم، وهو تكريس لاهتمامات ومصالح هذه الدولة أو الأمة، ومصدر انتماء لها.

قوى عاملة

جميع الأفراد القادرين على العمل والإنتاج في مجتمع ما من مواطنين ووافدين سواء يقومون بعمل مستمر، ويتقاضون عليه أجراً، أو عاطلين عن العمل والذين لا يجدونه.

قوى محركة

أي مصدر للطاقة يمكن تسخيره لتحريك أو إدارة آلة، أو يوفر قدرة ما مثل: القوى الكهربائية والنووية والحرارية والماء الجاري وغير ذلك.

حرف الكاف

كارست انظر طوبوغرافية كارست

الكاريبي (بحر)

بحر يشكل جزء من المحيط الأطلسي- بين الساحل الشمالي لأمريكا الجنوبية والساحل الجنوبي لأمريكا الشمالية، تبلغ مساحته نحو 2,718,000 كم^2، وتقع فيه جزر الهند الغربية، يتراوح عرض البحر بين 650-1500 كم في حين يبلغ طوله نحو 2740 كم. واسمه من اسم قبائل الكاريب في المنطقة ويعني اسمهم "الشجعان". (شكل 49).

كالدليرا

كلمة إسبانية يقصد بها فوهة بركانية واسعة، حوضية الشكل، تحفها منحدرات صخرية شديدة، تكونت غالباً بسبب هبوط قمة الجبل، وقد توجد فيها بحيرة.

كاليفورنيا (تيار)

تيار بارد يبدأ من الشمال متجها نحو الجنوب مارا بالسواحل الغربية للولايات المتحدة، وهو من تيارات المحيط الهادي الشمالية. (شكل 30).

كتار

تسمية محلية في الأردن، يقصد بها رواسب بحرية ملحية في منطقة الغور، ونتجت عن غمر المنطقة بمياه البحر مرات عدة. وهي منطقة من الأراضي الجافة، والجرداء نباتياً، وذات معالم سطح خاصة، وتدعى عالمياً الأراضي الرديئة نسبة لمنطقة بنفس الاسم في ولاية داكوتا الأمريكية، وشاع الاسم بعدها ليعني أي منطقة غير منتظمة السطح بسبب فعل الرياح والتعرية المائية في الصخور الرسوبية. (شكل 15).

كتلة هوائية

كتلة ضخمة من الهواء ذات امتداد واتساع كبير قد يصل نحو 200,000 كم^2، وسمك كبير قد يصل 3000 متر، وذات حرارة ورطوبة متجانسة أفقياً،

ويزداد التجانس بالبعد عن تأثيرات سطح الأرض ومنها كتل باردة وأخرى دافئة.

كتلة هوائية باردة

كتلة هوائية مصدرها منطقة ضغط جوي مرتفع باردة، ومنها كتل هوائية باردة قطبية، ومنها كتلة هوائية باردة بحرية تتكون فوق المحيطات.

كتلة هوائية دافئة / حارة

كتلة هوائية ذات درجة حرارة أعلى من درجة حرارة السطح الذي تمر فوقه، ومصدر مثل هذه الكتلة مناطق الضغط المرتفع في العروض شبه المدارية.

كثافة سكانية

معدل عدد السكان في وحدة مساحية معينة، كعدد السكان في الكيلومتر المربع الواحد. ومنها كثافة سكانية حقيقية ومنها كثافة سكانية عامة.

كثافة سكانية حقيقية

ناتج قسمة عدد سكان منطقة أو دولة ما على مساحة الأرض المستغلة اقتصادياً، وبذلك تستبعد المساحات الجرداء والمستنقعات وما نحوها.

كثافة سكانية عامة

ناتج قسمة عدد سكان منطقة أو دولة ما على مساحتها الكلية. وهي لا تعطي بذلك مؤشراً واقعياً عن توزع السكان لوجود مساحات مائية أو غير مأهولة بالسكان لسبب من الأسباب.

كثبان رملية

تلال من رمال في الصحراء، تراكمت غالباً بفعل الرياح، ومن الكثبان ما يتشكل في المناطق الساحلية الرملية. وتمتاز الكثبان بزيادة حجمها، وأكثر اشكال الكثبان شيوعاً الهلالية (البرخان) والضيقة الطولية (السيف) ويتأثر شكل الكثبان بقوة واتجاه الرياح. (شكل 50).

كثبان رملية طولية / سيوف

كثبان مستطيلة الشكل، لها جوانب حادة الانحدار، وتمتد بموازاة الرياح السائدة، وموازية لبعضها، وتعمل الرياح المتعامدة على زيادة ارتفاع واتساع الكثيب، في حين تعمل الرياح السائدة على زيادة طوله فقط، وقد يصل ارتفاعه عدة مئات من الأمتار، في حين يصل طولها إلى 160 كم، ومن أمثلتها كثبان صحراء ثار في الهند وغرب أستراليا وجنوب منخفض القطارة في مصر. (شكل 50).

كثبان هلالية / برخان

البرخان كثيب منفرد من الرمل على شكل هلال يتجه طرفاه مع اتجاه الرياح السائدة والتي لا يتغير اتجاهها إلا نادراً، وانحدار السفح المواجهة لهبوب الرياح يكون خفيفاً، في حين يكون انحدار السفح المقابل أي الذي يحتضنه طرفا الهلال شديداً. ويتشكل البرخان في الجهات التي لا تتغير فيها اتجاهات هبوب الريح، وهذا النوع من الكثبان ينتقل عن طريق انتقال حبات الرمل مع الرياح من الجهة التي تهب منها الرياح إلى الجهة المقابلة. وقد تتصل مجموعة من الكثبان الهلالية مع بعضها، ويشيع مصطلح برخان في صحراء تركستان وسيناء وغرب الصحراء الكبرى. (شكل 50).

كــرة أرضيــة

اسم مرادف للأرض، ويقصد به الأرض من حيث شكلها الكروي، كما يطلق المصطلح على نموذج أو مجسم كروي يمثل الكرة الأرضية الحقيقية، حيث لا تمثل أي خارطة شكل الأرض الحقيقي إلا ما رسم منها على سطح كروي. (شكل 43).

كســوف الشمس

احتجاب الشمس كلياً أو جزئياً لوقوع القمر بينها وبين الأرض. (شكل 24).

كمشتكا (تيار)

تيار بارد يبدأ من الشمال متجها نحو الجنوب الغربي مارا بالسواحل الشرقية لشبه جزيرة كمشتكا، والسواحل الشمالية الشرقية لليابان، وهو من تيارات المحيط الهادي الشمالية.

كناري (تيار)

تيار بارد يبدأ من الشمال متجها نحو الجنوب والجنوب الغربي، مارا بسواحل شمال غرب افريقيا، وهو من تيارات المحيط الهادي الشمالية.

كنتـــور

ويسمى خط المنسوب المتساوي. خط يرسم على الخرائط ليصل بين المواقع والنقاط التي تقع على منسوب واحد. ومصدر كلمة كنتور كلمة فرنسية مصدرها كلمة إيطالية تعني "يرسم خطاً محيطاً" أو "يرسم محيط شيء" وكانت البداية في رسم خطوط الكنتور البحرية لتصل بين الأعماق المتساوية عام 1584 ، أما على اليابسة فقد بدأ ذلك بخارطة وضعت عام 1771. (شكل 51).

كواكب أرضية / صخرية

يتكون الكوكب الأرضي بشكل أساسي من صخور ومعادن، وهو بذلك عالي الكثافة، والكواكب الأرضية هي عطارد والزهرة والأرض والمريخ.

كواكب مشترية / غازية

تتكون هذه الكواكب من غازات أهمها الهيدروجين والهيليوم، ولكل منها لب صخري صغير نسبياً. وهذه الكواكب هي المشتري وزحل وأورانوس ونبتون.

الكـــوس (رياح) رياح محلية.

كوكـب

جرم سماوي كروي الشكل تقريباً، وينتمي إلى المجموعة الشمسية، ويدور بانتظام حول الشمس مركز المجموعة. والكوكب غير مضيء كالنجم وإن كان يعكس ضوء الشمس الساقط عليه، مثل: الأرض، المريخ...الخ. (شكل 37).

الكونغو (نهر)

نهر يجري في وسط أفريقيا ويصب في المحيط الأطلسي، طوله 4374 كم، ومساحة حوض تصريفه 3,822,840 كم^2، تكثر في مجراه الشلالات والجنادل، وهو ثاني أنهار العالم بعد الأمازون في كمية تصريفه المائي. قد يعني اسم النهر بلغة قبائل البانتو "الجبال" ويقصد بذلك منابعه الجبلية.

كويكبات

كويكب تصغير كوكب. والكويكبات أجرام سماوية صغيرة، تسبح بين المشتري والمريخ، وتدور حول الشمس، وقطر أكبرها نحو 702 كم ويقل قطر أصغرها عن 30 كم، ويرجح أنها بقايا كوكب سابق كان ضمن مجموعة الكواكب وتفجر.

كيروسيفو (تيار)

ويعني اسمه التيار الأسود وهو تيار دافئ يبدأ من الجنوب متجها نحو الشمال الشرقي مارا بسواحل اليابان الجنوبية الشرقية، وهو من تيارات المحيط الهادي الشمالية. (شكل 30).

حرف اللام

لابا / لافا

حمم مصهورة تخرج من باطن الأرض عن طريق فوهة بركان أو شقوق وتتصلب عند ملامستها للهواء فيكون نسيجها زجاجياً، أو غير متبلور، وإن بردت ببطئ يكون نسيجها بلورياً أو خشناً، من أنواعها الحامضي- وهو كثير السليكا والقاعدي وهو قليل السليكا والمتوسط وهو بين النوعين السابقين، وقليلاً ما يؤدي اندفاع اللابا إلى وقوع خسائر بالأرواح لبطئ سيلانها على الأرض بسبب كثافتها.

لحوم بيضاء

لحوم معظم الطيور خاصة الدجاج، وكذلك لحوم السمك.

لحوم حمراء

لحوم الأبقار والجواميس والإبل والأغنام.

لسان ساحلي

امتداد أو نتوء من اليابسة في البحر، وقد يكون رواسب رملية أو حصوية.

لويس (تربة)

تربة تتكون من ذرات ناعمة دقيقة حملتها الرياح وارسبتها في أماكنها الحالية، وتتفاوت في سماكتها، فقد تصل إلى 600م كما في شمال الصين حيث تصل مساحتها هنا إلى 600,000 كم^2، ولونها ضارب إلى الصفرة، وهي تربة خصبة غنية بالجير، ومسامية ومن ثم تعتبر من أخصب الترب، هذا وتوجد مثل هذه الترب في مناطق مختلفة من العالم، وأهمها عدا الصين في أوروبا ووسط الولايات المتحدة، وأمريكا الجنوبية في الأرجنتين.

حرف الميم

مالتوس (نظرية)

نظرية وضعها ونشرها رجل الدين والاقتصاد الإنجليزي توماس مالتوس (1766-1834) يقول فيها عام 1798 إن السكان يتزايدون بمتواليات هندسية (1، 2، 4، 8...الخ) في حين تتزايد الموارد الغذائية بمتواليات حسابية (1، 2 ، 3، 4..الخ)، وأن عوامل المجاعة والإجهاض ومنع الحمل وتأخير سن الزواج وغير ذلك هي عوامل تحد من الزيادة الطبيعة للسكان. وقد أخذت آراء حديثة ببعض آراء مالتوس، مثل تحديد النسل كوسيلة لتحسين مستوى المعيشة والقضاء على الفاقة.

مباعدة بين الأحمال

طريقة لتنظيم النسل، تقوم فيها المرأة بإطالة الفترة الزمنية بين ولادتها لطفل وحملها بآخر، ويتم ذلك من خلال استعمال وسائل منع الحمل المعروفة.

المتجمد الشمالي (المحيط)

أصغر المحيطات مساحة (14 مليون كم^2)، ويعني اسمه بالإنجليزية "المحيط القطبي"، وهو مساحة مائية تحيط بالقطب الشمالي، ويقع هذا لمحيط بأكمله ضمن الدائرة القطبية الشمالية (6.56 شمالاً) ويلغ أقصى عمق له 5450 متراً، ويغطي جليد يتراوح سمكه بين 2-4.3 متراً، ويتصل بالمحيط الهادي عن طريق مضيق بيرنغ. (شكل 49).

المتوسط (بحر)

بحر يقع بين قارات أوروبا وافريقيا وآسيا، مساحته نحو 2,965,000 كم^2 ويتصل بالمحيط الأطلسي عبر مضيق جبل طارق، وتصله قناة السويس بالبحر الأحمر، ومن أقسامه بحور: ايجة، والأدرياتي، والأيوني، والتيراني، وتتصف المناطق المطلة عليه باعتدال المناخ. اسمه مشتق من اسمه باللغة اللاتينية ويعني "بحر في منتصف الأرض". (شكل 49).

مجـال جـوي

الفضاء أو الجو الذي يعلو أرض ومياه دولة ما، وتنطبق عليه نفس حقوقها في أرضها ومياهها الإقليمية. وللمجال الجوي اتفاقياته وأعرافه الدولية.

مجتمـع حيـوي

تجمع لبعض الكائنات الحية كالنبات والحيوان، والتي تعيش بشكل مترابط في بيئة طبيعية معينة.

مجتمـع غير متجـانس

مجتمع توجد بين أفراده فروق واضحة، كالعرق أو الدين أو المستوى المعيشي- والتعليمي، وفي ذلك عدم انسجام بينهم، وهو بذلك مصدر ضعف للدولة.

مجتمـع متجـانس

مجتمع لا توجد فيه فروق بيّنة بين أفراده كالعرق أو الدين أو المستوى المعيشي أو التعليمي بدرجة تحول دون انسجام الأفراد. ويعتبر التجانس مصدر قوة للدولة.

مجـــرة

تجمع لعدد هائل من النجوم السابحة في الفضاء بشكل كتل أو عناقيد.

مجـرة إهليلجية

مجرة ذات شكل شبه كروي، وهي ذات نواة كبيرة تحيط بها هالة، وتدور ببطء، وضوء نجومها خافت نسبياً، وتحوي القليل من الغاز والغبار الكوني.

مجـرة غير منتظمة

أحدث المجرات عمراً، وهي صغيرة نسبياً، وتشكل نسبة ضئيلة من مجرات الكون، وليس لها شكل منتظم، ونجومها زرقاء اللون.

مجرة لولبية / حلزونية

مجرة ذات قرص مركزي يحوي نجوماً متوسطة العمر، وأذرع غازية لولبية ممتـدة ملتفة، وتدور نجومها حول مركز المجرة، ومن أمثلتها مجرة درب التبانة.

مجروفات نهرية / مجروفات قاع

مواد صخرية ينقلها النهر، وهي كبيرة الحجم وذات كثافة كبيرة لا يسـتطيع النهر حملها فيدفعها دفعاً في قاعة، ومنها الحجارة والحصى.

مجرى النهـر

القناة الطويلة التي تجري فيها مياه النهر. (شكل 48).

مُجسّـم (ستيريوسكوب)

جهاز يتألف بشكل أساسي من عدستين منفصلتين، ينظر من خلال كل عدسـة منهـا إلى صورة من صورتين جويتين متتاليتين لهدف واحد، حيث يحقق الناظر رؤية مجسمة، ويتم ذلك من خلال رؤية كل عين من عيني الناظر إلى صورة الهـدف نفسـه ولكـن مـن زاوية مغايرة قليلاً. (شكل 47).

مجمـع صناعي انظر مدينة صناعية

المجموعـة الشمسية

الأجرام السماوية التي تتألف مـن الشـمس ومـا يـدور حولهـا مـن كواكـب سـيارة وتوابعهـا (أقمـار) وكويكبـات وشـهب ونيـازك ومـذنبات، في حين تعتبر النجـوم ضمـن مجموعات أخرى. (شكل 37).

محاصيل أقاليم باردة

منتجات زراعية يتطلب إنتاجها بشكل تجـاري انخفاضـاً في درجـة الحـرارة، ومنهـا البنجر السكري، وبعض أنواع القمح والشعير.

محاصيل أقاليم حارة

منتجات زراعية يتطلب إنتاجها بشكل تجاري درجة حرارة مرتفعة، وأمطاراً غزيرة (أو ريّ) ومنها الكاكاو والشاي والمطاط ونخيل الزيت وجوز الهند والأرز وقصب السكر.

محاصيل أقاليم معتدلة

محاصيل زراعية يتطلب إنتاجها بشكل تجاري اعتدالاً في درجة الحرارة وكمية المطر، ومنها الزيتون والعنب والحمضيات واللوزيات.

محاصيل ألياف

محاصيل زراعية تنتج ما يصنع منه خيوطاً وتغزل وتنسج، ومنها تصنع ملابس وأقمشة ومواد أخرى، ومنها القطن والكتان والقنب.

محاصيل بقولية

البقول نباتات تنبت من بذور وليس من أشتال، وأهمها الحمص والفول واللوبياء والبازيلاء.

محاصيل حقلية

محاصيل كالقمح والشعير والعدس والفول والكرسنة والسمسم وغيرها.

محاصيل زيوت

نباتات تحمل ثماراً أو بذوراً تعطي زيوتا نباتية كالزيتون والسمسم والذرة وعباد الشمس والفول السوداني (فستق العبيد) وفول الصويا، وقد بدأ توجه الاستهلاك نحوها نظراً لقلة أخطارها نسبياً على صحة الإنسان، كما أنها تدخل في معظم الصناعات الغذائية.

محتوى استيرادي للغذاء

مؤشر يصاغ على النحو التالي:

$$\text{المحتوى الاستيرادي للغذاء} = \frac{\text{قيمة المستوردات الغذائية}}{\text{قيمة الغذاء المستهلك}}$$

ويشير هذا المؤشر إلى مدى اعتماد دولة ما على استيراد الغذاء اللازم لسكانها من الدول الأخرى، ويتوقف هذا الأمر على عوامل منها توفر مياه الري والمطر اللازم لسقي المحاصيل الغذائية، ومدى اتساع رقعة الأرض الزراعية، وكذلك عدد السكان.

محتوى جغرافي للخارطة

الغرض الذي من أجله صممت الخارطة وتم إنتاجها، والهدف الذي ستخدمه.

محطة تنقية

منشأة تعمل على معالجة مياه الصرف الصحي (المجاري) حيث تتم تنقيتها من المواد الصلبة كالملوثات الكيميائية وغير الكيميائية والأحياء الدقيقة، وبعدها تصبح مياهاً صالحة لري كثير من المحاصيل الزراعية خاصة التي لا تؤكل إلا بعد طهيها، ومع ذلك لا تصلح هذه المياه للاستهلاك كمياه للشرب. كما يطلق المصطلح على منشآت معالجة مياه الشرب من أجل تدعيم صلاحيتها للاستهلاك البشري والوصول بها للمعايير الأفضل للشرب.

محمية

مساحات من الأراضي الطبيعية، يتم تحديدها لزراعة أنواع من النباتات الطبيعية، وإطلاق الحيوانات البرية بها بعد تربيتها أو إحضارها من مناطق أخرى، (إن كانت قد انقرضت منها أصلاً)، وللمحميات فوائد جمة منها الحفاظ على الثروة الطبيعية النباتية والحيوانية، والحفاظ على البيئة والتوازن البيئي. ويستفاد منها في السياحة. هذا وقد تكون المحمية منطقة طبيعية لم يتدخل بها الإنسان.

محيط

مساحة شاسعة من المياه المالحة، تحيط بكتل يابسة من الكرة الأرضية، وتغطي المحيطات نحو 70% من مساحة سطح الأرض. والمحيطات الرئيسة هي الهادي (165 مليون كم^2) والأطلسي (82 مليون كم^2) والهندي (74مليون كم^2)، ويدرسها علم المحيطات من حيث خصائص الماء وتياراته وجيولوجية المحيط وارسابات قاعه وخصائصه الكيماوية والحيوية. (شكل 49).

مخلفات صلبة / نفايات صلبة

مواد ذات مصدر منزلي أو صناعي أو أي نشاط اقتصادي آخر، وهي مواد قابلة للنقل، ويرغب مالكها في التخلص منها، لما في جمعها ونقلها والتخلص منها أو معالجتها من مصلحة ونفع للمجتمع، وبذلك يكون التخلص منها ضرورة لحماية البيئة والإنسان. ويمكن الاستفادة من بعضها بإعادة تدويره.

مَدّ وجَزر

تحرك الكتلة المائية حركة طبيعية، مما يؤدي إلى تحرك مستوى سطح البحر أو المحيط بين ارتفاع وانخفاض مرة كل نصف يوم تقريباً، حيث يسمى أقصى ارتفاع يصله مستوى سطح الماء مداً، وأدنى انخفاض له جزراً. ويحدث ذلك بسبب:

1. قوة جذب القمر للأرض، كما أن للشمس بعض الأثر.
2. قوة الطرد المركزية للأرض.

ويختلف مقدار المد والجزر من مكان لآخر، إذ يصل الفرق بينهما في عرض البحر نحو نصف متر، وعلى شواطئ بعض الجزر نحو مترين، وفي بعض الخلجان نحو 15 متراً.

مدار الجدي

دائرة أو خط عرض 23 درجة و32 دقيقة (تُقّرب إلى 23.5 درجة) جنوب خط الاستواء، حيث تكون أشعة الشمس عمودية يوم 12/22 من كل عام وتكون درجة الحرارة في نصف الكرة الجنوبي على أشدها، أي عند الانقلاب الشتوي في نصف الكرة الشمالي، ويمثل مدار الجدي أقصى امتداد جنوبي لعمودية الشمس. وتسمى المنطقة الواقعة بينه وبين مدار السرطان شمالاً باسم "المنطقة المدارية".(شكل 49).

مدار السرطان

دائرة أو خط عرض 23 درجة و 32 دقيقة (تُقرّب إلى 23.5 درجة) شمال خط الاستواء، حيث تكون أشعة الشمس عمودية يوم 6/21 من كل عام، وتكون درجة الحرارة في نصف الكرة الشمالي على أشدها أي عند الانقلاب

الصيفي في نصف الكرة الشمالي، ويمثل مدار السرطان أقصى امتداد شمالي لعمودية الشمس. وتسمى المنطقة الواقعة بينه وبين مدار الجدي جنوباً باسم "المنطقة المدارية".(شكل 49).

مداري / سافانا (إقليم)

يقع بين الإقليم الصحراوي والإقليم الاستوائي بين دائرتي عرض (8°-18°) أو (5°- 15°) شمال وجنوب خط الاستواء، ومن ثم لا يوجد في قارة أوروبا، وأوسع تواجد له في أفريقيا، ويوجد في هضبة المكسيك في أمريكا الشمالية، وهضبة البرازيل وغيانا في أمريكا الجنوبية، وهضبة الدكن وهضبة الهند الصينية في آسيا، وشمال أستراليا، ويتميز بارتفاع درجة الحرارة وغزارة الأمطار صيفاً، واعتدال الحرارة والجفاف شتاء، وتنمو به الأعشاب المعروفة بالسافانا والأشجار التي تقل في المناطق الأكثر مطرا، والأعشاب القصيرة في المناطق الأقل مطراً والأشجار التي تقل كثافتها كلما اتجهنا نحو الإقليم الصحراوي حتى تكاد تختفي. ومن أشجاره الخيزران والكينا والكافور والصمغ العربي، والسدر والطلح. (شكل 22، شكل 32).

مدرجات نهرية / مصاطب

أراضي سهلية فيضية جافة متناظرة على جانبي النهر، لم تعد تغمرها مياه النهر، وتنشأ بسبب تعمق مجرى النهر في سهله الفيضي حيث يكوّن سهلاً فيضياً جديداً، وينتج عن تكرار ذلك سلسلة من الأراضي السهلية بشكل درج.

مدى حراري

الفرق بين أكبر القيم وأدناها لدرجة الحرارة لمكان ما في فترة معينة ومن ذلك:

- المدى الحراري اليومي: الفرق بين درجة الحرارة العظمى والصغرى خلال اليوم.
- المدى الحراري السنوي: الفرق بين متوسط درجة حرارة أدنى الشهور حرارة وأبردها.

مـدى الرؤية

المسافة الأفقية التي يمكن منها مشاهدة أهداف أو أجسام معينة وتمييزها بوضوح، أي درجة شفافية الهواء بالنسبة لبصر الإنسان، ومن العناصر الجوية المؤثرة على مـدى الرؤية: الضباب والعجاج والمطر والغبار. وهناك أجهزة خاصة لقياس مـدى الرؤية ومنها ترانسمسوميتر.

مدينـة

بلدة كبيرة، وتكون بشكل عام مركزاً إدارياً وثقافياً وتجارياً للمنطقـة المحيطـة بهـا، وتعتبر الأمم المتحدة العدد 20,000 نسمة حداً معيارياً للمدن، وجرى العرف على اعتبـار العدد 100,000 نسمة بداية المدن الكبيرة سكاناً. ويمكن القول أن مفهوم المدينة والقريـة تحدده بعض الدول وفق معاييرها الخاصة بها.

مدينـة ثانيـة

مدينة تلي المدينة الأكبر في الدولة من حيث عدد السكان والمساحة والأنشطة، ومن ذلك مدينة الزرقاء التي تلي مدينة عمان العاصمة الأردنية، ومدينة الإسكندرية التي تـلي مدينة القاهرة العاصمة المصرية.

مدينـة رئيسـة

أكبر مدن الدولة مـن حيـث عـدد السكان ولكنها ليست العاصمة السياسية أو الإدارية، وتقوم بدور العاصمة التجارية، ومن ذلك الـدار البيضـاء وهـي أكثر سكاناً مـن العاصمة المغربية الرباط.

مدينـة صناعية

تجمع لعدة مصانع خارج المناطق السكنية المعمورة، وضمن منطقة خاصة، يطلـق المصطلح أحياناً على تجمع لورش إصلاح السيارات وما شابه ذلك، وبذلك لا تكـون مدينـة صناعية حقيقية بل مدينة حرفية.

مدينة عملاقة

اكبر مدينة في الدول سكاناً ومساحة ونشاطاً، ولا يوجد بينها وبين المدينة التي تليها نسبة مقارنة من حيث عدد السكان، فالفرق شاسع بين المدينة العملاقة والمدينة الثانية سكاناً ومساحة ونشاطاً. ومن أمثلتها مدينة الدوحة عاصمة قطر.

مذنـب

جرم سماوي يتكون رأسه من نواة صخرية ومعدنية مغطاة ببلورات جليدية تتبخر عند اقترابها من الشمس، وله ذيل طويل مضيء يتكون من الغازات والأبخرة والمواد الناعمة المنصهرة من رأس المذنب، ويدور حول الشمس بمدار بيضوي ويكون الرأس دائماً باتجاه الشمس والذيل في الجهة المقابلة، وحجم المذنب صغير جداً لا يقارن بحجم أي كوكب. ومن أشهر المذنبات مذنب هالي الذي يظهر مرة كل نحو 76 سنة، وقد ظهر آخر مرة عام 1986.

مرتفـع جوي

جزء من الهواء ذو ضغط جوي أكبر نسبياً من الضغط الجوي المحيط به ويطلق عليه أيضاً ضد الإعصار، وتعتبر مناطق المرتفعات الجوية مصدراً للكتل الهوائية، ومن المرتفعات الجوية ما هو دافئ ومنها ما هو بارد. ويصاحب المرتفع الجوي عادة حالة من صفاء الجو وارتفاع في الرطوبة. (شكل 25).

مرتفع جوي بارد

جزء من الهواء ذو ضغط جوي أكبر نسبياً مما يجاوره، ويتصف بانخفاض درجة حرارته بفعل التبريد المستمر للهواء الذي يعلو مناطق واسعة من المناطق الجليدية، حيث تزيد كثافة الهواء بسبب تقلصه مما يرفع ضغطه. ومن مناطق الضغط الجوي المرتفع البارد منطقة الضغط الجوي المرتفع السيبيري والكندي.

مرتفع جوي دافئ

جزء من الهواء ذو ضغط مرتفع أكبر نسبياً مما يجاوره، ويتصف بارتفاع درجة حرارته نسبياً مقارنة بما يجاوره. ويتشكل في المناطق شبه المدارية، ومنه الضغط المرتفع الآزوري.

مرتفعات جبلية انظر جبال.

مـرفأ

مساحة مائية لرسو السفن، محمية مـن الأمـواج بشـكل طبيعـي كـما في الخلجـان والألسنة الأرضية، أو صناعياً بإقامة الحواجز أو كليهما معاً. وتقام عـلى الشـاطئ منشـآت التحميل والتفريغ والصيانة والمستودعات والخدمات الأخرى ليقوم المرفأ بدوره المطلوب. (شكل 52).

مركبات عضوية

مواد عضوية تتكون من الهيدروجين والكربون أو من مـواد حيـه بمـا فيهـا بقاياهـا ومخلفاتها، ويعتبر الفحم من الرواسب العضوية.

مركـز الـزلازل

مركز الزلزال السطحي هو النقطة عـلى سـطح الأرض التـي يحـدث فيهـا أول تـاثير للزلزال ومنها ينتشر تأثيره، وتسامت أي تقع عمودية على مركز الزلزال الجوفي وهو مكان في بـاطن الأرض يتولـد فيهـا الزلـزال، وتنطلـق منـه الموجـات الزلزاليـة فتتـوزع في كـل الاتجاهات.

مروحة فيضية / غرينية

معلم من معالم سطح الأرض يتخـذ شـكل مروحـة، وتتـألف مـن ارسـابات غرينيـة يخلفها مجرى مائي سريع بسبب فقده لقوته عند دخولـه واد عـريض متسـع، أو منطقـة سهلية أو مستوية بعد أن كان يجـري في أرض مرتفعـة ضـيقة. وتتكـوّن المـراوح عـادة في الأقاليم الجافة لتصل إلى عدة كيلـومترات في اتسـاعها، وقـد يصـل عمـق ارسـاباتها مئـات الأمتار في حال تشابكت عدة مراوح متجاورة، ويعرف السهل الذي تكون عن ذلـك باسـم السهل الرسوبي السفحي. وتعتبر من المناطق الزراعية الخصبة. (شكل 52).

المريـخ

رابع الكواكب السيارة قرباً من الشمس (227,940,000 كم) وسابعها حجـماً (0.15 من حجم الأرض) ويسمى الكوكب الأحمر، وعـدد أقـماره 2، ومـدة دورانـه حـول نفسـه 24.6 ساعة، وحول الشمس سنة و321 يوماً. (شكل 37).

مزيتا / ميزا / ميسا

كلمة إسبانية تعني "مائدة"، وتطلق مزيتا على الهضبة التي تشكل نحو ثلاثة أرباع مساحة إسبانيا، ويذكر مصطلح مزيتا أحياناً كمرادف لمصطلح ميزا أو ميسا الذي يستخدم في الولايات المتحدة للإشارة إلى هضاب مسطحة ذات جوانب شديدة الانحدار في ثلاث جهات على الأقل. (شكل 15، شكل 52).

مساحة الدولة

رقعة دولة ما ضمن حدودها البرية والبحرية المعترف بها دولياً، إذ تقوم الدولة على مساحة من الأرض تكبر أو تصغر، بما فيها من مساحات مائية داخلية كالبحيرات، وقد تطل على بحار ومحيطات، وللدول كبيرة المساحة مزايا وعيوب وكذلك الدول صغيرة المساحة.

مسافة كنتورية انظر فاصل كنتوري.

مسبار لاسلكي

جهاز للحصول على معلومات خاصة بالأحوال الجوية، ويتألف من منطاد (بالون) يحمل أجهزة خاصة، وجهاز إرسال لاسلكي لبث معلومات الأجهزة إلى محطة أرضية، وقد يسقط بعد مدة بمظلة خاصة به، وتقوم الدول ذات الإمكانيات المادية المحدودة بإعادة استخدام الأجهزة إن عثرت عليها بعد سقوطها.

مسترال (رياح)

رياح محلية باردة جداً، وهي رياح شمالية وشمالية غربية تهب من وسط فرنسا على طول وادي الرون ودلتاه نحو البحر المتوسط، ومتوسط سرعتها من 55-65 كم/الساعة، وقد تصل إلى 100 كم/الساعة. ولهذه الرياح آثار سيئة على المزروعات في المنطقة، ولتلافي الأضرار زرعت الأشجار والغابات لحماية المزروعات. والمعنى الحرفي لاسمها باللغة الفرنسية "الرياح السيد" أو "الرياح الرئيس". (شكل 17).

مستلزمات إنتاج زراعي

متطلبات الإنتاج الزراعي من آلات ومعدات وتكنولوجيا ومخصبات وبذور محسنة ومبيدات، والأساليب العلمية الحديثة التي نتجت عن تجارب ومشاهدات خاصة بالعمل والإنتاج الزراعي.

مستنقع

منطقة منخفضة المنسوب، ذات تربة مشبعة بالماء، أرضها اسفنجية التركيب، تعيش فيها وتغطيها نباتات مائية.

مستوى تغذية

مقدار ما يتوفر للفرد من المواد الغذائية المتنوعة ليتمتع بصحة جيدة، وتعتبر الكمية التي تزود الفرد بما يتراوح بين 2000-2300 سعر حراري في اليوم كمية مناسبة، وإن كانت دون ذلك فمستوى التغذية ضعيف. ويعتمد مستوى التغذية على الحالة الاقتصادية والمعيشية والوعي الصحي.

مستوى سطح البحر

المستوى الوسطي (متوسط) لماء البحر دون تأثير من مد أو جزر أو أمواج أو رياح. وهذا المنسوب الأساس الذي تنسب إليه مناسيب معالم القشرة الأرضية على سطح اليابسة، أو دون مستوى سطح ماء البحر أو المحيط.

مستوى معيشة

مقدار ما يتوفر للفرد من مسكن ومأكل وملبس وتعليم ورعاية صحية واجتماعية، ويعتمد ذلك على الوضع الاقتصادي للدولة والخدمات التي توفرها لمواطنيها، والثروات الطبيعية للبلاد.

مسح جاذبي

طريقة جيوفيزيائية للتنقيب عن الخامات والثروات في الأرض. وتعتمد على أعمال قياس وحساب مقدار جاذبية الأرض للأجسام. ويلاحظ أن مقدار الجاذبية يتوقف على نوع الصخر وكثافته الذي يكوّن المنطقة، وعلى مقدار بعد الجسم حرّ الحركة الساقط عن مركز الأرض.

مسح جيولوجي تحت سطحي

عملية بحث لكشف الخامات والثروات، وتحديد طبقات المنطقة تحت سطح الأرض والموجودة على أعماق كبيرة، وذلك بعد أن تتم عمليات المسح الجيولوجي السطحي، وتتم هذه العملية بحفر حُفر وآبار تجريبية بهدف استخراج عينات من مكونات ما وصلت إليه أدوات الحفر والثقب لدراستها وتحديد خصائصها، وبناء على ذلك ترسم خرائط توزع الخامات في باطن أرض المنطقة، وتوضع خطط الاستخراج والإنتاج لاحقاً.

مسح جيولوجي سطحي

عملية بحث لكشف وجود الخامات والثروات الموجودة على سطح الأرض أو قريباً منه (على عمق قريب)، ويتم ذلك باستعمال الصور الجوية والفضائية وتحليلها، وجمع عينات من تربة وصخور المنطقة، كما تتم الاستعانة بالخرائط الجيولوجية للمنطقة المعنية.

مسح زلزالي

طريقة جيوفيزيائية لتحديد ومعرفة خصائص وصفات الطبقات الصخرية تحت سطح الأرض، ويتم ذلك باستخدام أجهزة توليد موجات زلزالية ترسلها إلى باطن الأرض، وبإحداث تفجيرات في حفر على سطح الأرض، ورصد انعكاس وانكسار الموجات عن الطبقات الصخرية التي تعرضت لها.

مسح كهربائي

طريقة جيوفيزيائية تقوم على استخدام أجهزة تعمل على حساب اختلاف مقاومة الأجسام للتيار الكهربائي، مما يشير إلى وجود خامات فلزية في منطقة ما من عدم وجودها، وذلك بقياس المقاومة النوعية للصخر بأجهزة عالية الدقة.

مسح مغناطيسي

طريقة جيوفيزيائية رخيصة وسريعة للتنقيب والبحث عن الخامات المعدنية خصوصاً الحديد، باستخدام أجهزة تحملها طائرات وسفن، وتقوم الطريقة على قياس شدة المجال المغناطيسي، اعتماداً على التغير والاختلاف في شدة هذا المجال من مكان لآخر.

مسقط خارطة

طريقة رسم ما على سطح كروي أي الأرض على سطح مستو هو الخارطة علماً أن لا شكل يمثل ما على سطح كروي بدقة إلا سطح كروي آخر، وعليه فإن تشويهاً سيطرأ على خارطة العالم المرسومة على سطح مستو إما في الشكل أو الاتجاه أو المسافة. (شكل 12).

المسيسبي (نهر)

نهر عظيم في أمريكا الشمالية، طوله 5970 كم، ومساحة حوض تصريفه 3,299,730 كم^2. ويعني اسمه بلغة هندية هناك "نهر عظيم" أو "ماء وفير" وقيل: " أبو المياه " وذلك لغزارة مياهه، يقع قرب الحدود الأمريكية-الكندية، ويجري جنوباً، ويصب في خليج المكسيك مشكلاً دلتا، ورافده الرئيس هو نهر الميسوري الذي يعني اسمه بنفس اللغة الهندية " الموحل الكبير" وقيل: " قارب كبير ".

مسيل

مجرى مائي صغير، يتكون عقب سقوط المطر أو انصهار الثلج، والمسيل أصغر من الوادي الذي يتالف من عدة مسيلات.

المشتري

خامس الكواكب السيارة قرباً من الشمس (778,340,000 كم) وأكبرها حجماً (1318.7 ضعف حجم الأرض) وعدد أقماره 16 على الأقل، ومدة دورانه حول نفسه 9.8 ساعة، وحول الشمس 11 سنة و316 يوماً. ومصدر اسمه كلمة لاتينية تعني " والد ".(شكل 37).

مصاطب نهرية انظر مدرجات نهرية

مصـب النـهر

المكان الذي تنتهي إليه مياه النهر، حيث يفرغ فيه النهر مياهه في محيط أو بحر أو بحيرة، وقد يكون شكل المصب مصباً خليجياً ويكون شكله كالقمع أو المثلث. (شكل 48، شكل 52).

مصطلحات خارطة انظر رموز الخرائط.

مضيـق

ممر مائي طبيعي يصل بين مساحتين مائيتين كبيرتين، ويفصل بذلك بين كتلتين من اليابسة، ومن أشهر المضائق العالمية مضيق هرمز ومضيق باب المندب ومضيق جبل طارق، ويستفاد من المضائق في النقل البحري حيث تمر بها خطوط الملاحة العالمية، ويستطيع المسيطر على المضيق التحكم بالمرور التجاري والعسكري للسفن والقطع البحرية، وللملاحة في المضائق نظام قانوني عالمي. (شكل 52).

مطـر انظر أمطار.

مطـر اعصاري انظر أمطار.

مطـر تصعيـد انظر أمطار.

مطر تضاريسي انظر أمطار.

مطر حامضي

قطرات مطر تلوثت حامضياً من الهواء بسبب وجود أكاسيد الكبريت والنيتروجين فيه، والناتجة بدورها عن احتراق البترول والفحم والغاز وما يتبقى من مصافي تكرير البترول والصناعات الكيماوية وعوادم الآليات، ويترتب على ذلك بقاء الحامض بشكل ذرات دقيقة تتجمع عليه قطرات المطر.

مظاهر السطح / أشكال السطح

ما يبدو عليه سطح الأرض من أشكال تضاريسه مختلفة كالسهول والأودية والجبال والمنحدرات وغيرها. (شكل 52)

مُعامل التصنيع (درجة التصنيع)

مقدار ما وصلت إليه دولة ما من الصناعة، ويتم حساب ذلك من معدل استهلاك الفرد من الطاقة محسوباً بوحدة الكيلو واط، ومن إنتاج الفولاذ، ونسبة عدد العاملين في قطاع الصناعة من السكان، وفي ذلك مؤشر لمكانة ودور الصناعة في تلك الدولة.

معدل إعالــة انظر إعالة.

معدل الأمطــار

حاصل قسمة مجموع الأمطار الساقطة بالملمترات أو السنتمترات لفترة معينة على طول تلك الفترة، ومنها المعدل الشهري والمعدل السنوي والمعدل الفصلي. (شكل 28).

معدل إنجاب انظر خصوبة.

معدل درجة الحرارة

يوجد معدل (متوسط) يومي وشهري وسنوي لدرجة الحرارة ويحسب كالآتي:

$$\text{معدل (متوسط) اليومي} = \frac{\text{مجموع القراءات في اليوم}}{\text{عدد القراءات}}$$

ويمكن أن يحسب

$$\frac{\text{الحرارة العظمى+الصغرى}}{2}$$

$$\text{المعدل (المتوسط) الشهري} = \frac{\text{مجموع المتوسطات اليومية للشهر}}{\text{عدد أيام الشهر}}$$

$$\text{المعدل (المتوسط) السنوي} = \frac{\text{مجموع المتوسطات اليومية}}{\text{عدد أيام السنة}}$$

أو

$$\frac{\text{مجموع المتوسطات الشهرية}}{12 \text{ (عدد الأشهر)}}$$

معدل درجة الحرارة الصغرى

حاصل قسمة مجموع أدنى درجات حرارة لمدة معينة على عدد القراءات، ومن ذلك المعدل الشهري لدرجة الحرارة الصغرى، وهو مجموع درجات الحرارة الصغرى اليومية خلال أيام شهر ما مقسوماً على عدد أيام ذلك الشهر.

معدل درجة الحرارة العظمى

حاصل قسمة مجموع أعلى درجات حرارة لمدة معينة على عدد القراءات، ومن ذلك المعدل الشهري لدرجة الحرارة العظمى، وهو مجموع درجات الحرارة العظمى اليومية خلال أيام شهر ما مقسوماً على عدد أيام ذلك الشهر.

معدل الرطوبة

حاصل مجموع أعلى نسبة رطوبة (أي كمية بخار الماء الموجود في الهواء)، وأدنى نسبة رطوبة تم تسجيلها مقسوما على الرقم2، ومن ذلك معدل الرطوبة في يوم ما: حاصل جمع أعلى نسبة رطوبة وأدنى نسبة رطوبة تم تسجيلها ذلك اليوم وقسمة الناتج على 2.

معدل الزيادة الطبيعية للسكان

معدل الفرق بين عدد المواليد وعدد الوفيات لسكان منطقة أو دولة ما.

معدل صافي الهجرة

حصيلة الفرق بين معدل المهاجرين المغادرين ومعدل المهاجرين الوافدين في دولة معينة، ويصاغ على الشكل التالي:

معدل الهجرة الوافدة - معدل الهجرة المغادرة

وقد يكون بصيغة عكسية إن كان المهاجرون المغادرون أكثر من القادمين.

معدل الضغط الجوي

حاصل قسمة الفرق بين أدنى وأعلى قيم للضغط الجوي على الرقم 2 لفترة معينة.

معدل المواليد الخام

$$\frac{\text{عدد المواليد الأحياء في سنة}}{\text{عدد السكان في منتصف السنة}} \times 1000$$

ويوصف بأنه معدل خام لأن عدداً ما من المواليد لن يكتب له الاستمرار في الحياة لسبب أو لآخر.

معدل النمو السكاني

معدل الزيادة الطبيعية أي معدل الفرق بين عدد المواليد وعدد الوفيات لسكان منطقة أو دولة ما مضافاً إليه معدل صافي الهجرة من وإلى تلك الدولة.

معدل الوفيات الخام

$$\frac{\text{عدد الوفيات خلال سنة}}{\text{عدد السكان في منتصف السنة}} \times 1000$$

مغارة كارستيه

كارست اسم إقليم في جمهورية سلوفينيا، لكن كلمة كارست تطلق على أي منطقة من الحجر الكلسي (الجيري) تجري تحتها مسيلات مياه جوفية، وتوجد فيها حفر وفجوات. وتتكون المغارة الكارستية نتيجة إذابة المياه الجوفية لطبقة

من الصخور الكلسية، وتزداد اتساعاً وتشعباً مع تزايد الإذابة خلال زمن طويل جداً. وقد تتكون صواعد وهوابط من أرض وسقف المغارة، مثل مغارة جعيتا في لبنان. (شكل 8).

المغرب العربي

المنطقة العربية من شمال غرب قارة أفريقيا، وسميت بالمغرب لوقوعها في غرب الوطن العربي. ويتألف المغرب العربي من تونس والجزائر والمملكة المغربية وموريتانيا إضافة للصحراء الغربية المتنازع عليها عربياً، وتوسع بعض الجهات مصطلح المغرب العربي بإضافة ليبيا إليه.

مفتاح خارطة انظر مصطلحات الخرائط.

مقطع عرضي طبوغرافي

شكل رسم يبين ما يبدو عليه مكان من معالم كما تبدو من أعلى إلى أسفل في منطقة محددة. ويبين الشكل الطبقات في ذلك المكان، والشكل الخارجي لسطح الأرض. ويفيد رسم كهذا في معرفة شكل المنطقة، وإجراء دراسات منها: مدى إمكانية تبادل الرؤية بين أي نقطتين على السطح. (شكل 20).

مقياس حرارة فهرنهايتي

مقياس لدرجة الحرارة وضعه الفيزيائي الألماني جبريل فهرنهايت عام 1724، وقسم فيه الفاصل بين تجمد الماء وغليانه إلى 180 درجة. إذ يتجمد الماء عند درجة 32 فهرنهايت، ويغلي عند درجة 212. ودرجة الحرارة المئوية (سلسيوس) = 1.8 درجة فهرنهايتية، ولتحويل الحرارة من فهرنهايت إلى مئوي تطبق المعادلة التالية:

درجة مئوية (سلسيوس) = (درجة الحرارة فهرنهايت 32-) ويقسم الناتج على 1.8.

مقياس حرارة مئوي / سلسيوس

ويسمى مقياس سلسيوس، وهو المقياس الذي وضعه الفلكي السويدي اندرس سلسيوس عام 1742، قسم فيه الفاصل بين نقطة تجمد الماء وغليانه 100 درجة، وجعل فيه درجة التجمد 100 ودرجة الغليان صفراً لكنه عكس الوضع في العام التالي.

ولتحويل الحرارة من مئوي (سلسيوس) إلى فهرنهايت تطبق المعادلة التالية:

1.8 × درجة الحرارة المئوية +32.

مقياس رختر

مقياس وضعه الجيولوجي الأمريكي رختر عام 1935 لقياس شدة الزلازل، وتم تطوير المقياس فيما بعد، ويتكون المقياس نظرياً من صفر وحتى 10 درجات، حسب كمية الطاقة المحررة في مركز الزلزال أثناء حدوثه.

مقياس رسم

النسبة بين الأبعاد على الخريطة من جهة وما يقابلها على الطبيعة، أي الواقع من جهة أخرى، كما يمكن أن يكون المقياس لأي صورة جوية أو فضائية أو أي رسم ما، ومن مقاييس الرسم: الكتابي والخطي والنسبي وغيرها.

مقياس رسم خطي

مقياس رسم يرسم فيه خط مستقيم مقسم إلى وحدات قياس متساوية، ويكتب على كل قسم مقدار ما يمثله على الطبيعة، ويتكون المقياس الخطي عادة من قسمين يفصل بينهما صفر البداية، وتقسم الوحدات الممتدة إلى يسار الصفر بوحدات كالكيلومترات ومضاعفاتها، في حين تقيس الوحدات الممتدة إلى يمين أجزاء وحدة القياس كمئات الأمتار.

مقياس رسم كتابي / لفظي

مقياس رسم يعبر فيه عن النسبة بين الأبعاد على الخارطة والطبيعة بالكلمات كأن يقال: كل سنتمر واحد على الخارطة يمثل كيلو متر واحد ، أو 1 سم للكيلو متر على الأرض.

مقياس رسم نسبي

مقياس رسم يعبر فيه عن النسبة بين الأبعاد على الخارطة والطبيعة على النحو التالي: 1:100,000 أو 1/ 100,000 حيث يمثل الرقم 1 وحدة قياس على الخارطة، أما الرقم 100,000 فيمثل 100,000 وحدة من نفس النوع على الطبيعة.

المكسيك (خليـج)

خليج واسع يحاذي جنوب شرق أمريكا الشمالية، مساحته نحو 1,542,000 كم^2، تطل عليه الولايات المتحدة والمكسيك وكوبا. يحمل اسم دولة المكسيك ويعني اسمها بلغة قبائل الأزتك " بلد معبد الآلهة " وقيل يعني " الشمس".(شكل 49).

ملاحـة بحريـة

الإبحار والسفر لغايات النقل والتجارة والسياحة باستخدام سفن خاصة قادرة على عبور البحار، وتتحمل حالة البحر من مد وجزر وأمواج وعواصف، وتتم الملاحة باستخدام مساعدات الملاحة من أجهزة ومعدات ترتبط بشبكة من الأقمار الصناعية ومحطات الرصد الجوي والبحري، وباستخدام وسائل الملاحة ومساعدات الإبحار الحديثة تمت عمليات الكشف العلمي والبحثي لمختلف بحار ومحيطات العالم.

ملاحـة جويـة

ما يتعلق بالطيران المدني والعسكري من إقلاع وهبوط وسفر، باستخدام معدات وأجهزة خاصة بالرصد الجوي، ومساعدات الطيران من رادار وأجهزة استشعار وخرائط، وفق شروط ومواصفات وقواعد عالمية.

ملوثات زراعية

ما مصدره الزراعة والعمل الزراعي كالإفراط في استخدام الأسمدة الكيماوية لتخصيب التربة، والإفراط في استخدام المبيدات العشبية والحشرية مما يلوث التربة والبيئة بشكل عام.

ملوثات صناعية

المصادر الصناعية للتلوث مثل: غبار الاسمنت وغبار الفوسفات والمياه الناتجة من المواد الصناعية كالمياه الملوثة كيماوياً، والزيوت والشحومات المستهلكة، وعوادم مداخن المصانع والمخلفات الصناعية...الخ.

ملوحة التربة

ارتفاع نسبة تركيز نوع واحد أو أكثر من الأملاح المعدنية في التربة حيث تعتبر الأملاح بنسبها الطبيعية من مصادر خصب التربة. ومن أسباب ارتفاع نسبة الملوحة: الري الزائد للتربة رغم عدم وجود إمكانية لصرف الماء الفائض طبيعياً، وتتم المعالجة بحفر شبكات صرف الماء، وتقليل كمية مياه الري واستخدام مياه قليلة الملوحة.

مليبار

وحدة قياس للضغط الجوي باستخدام البارومتر، ويستخدم في رسم خرائط الطقس لقياس قيم خطوط الضغط المتساوية، وكل 1000 مليبار تساوي باراً واحداً، وتساوي 29.5 بوصة من الزئبق أو 750.1 ملم زئبق وكل مليبار واحد يساوي 100 باسكال.

ممر مائي

مساحة مائية طبيعية أو صناعية تصل بين بحرين أو محيطين ويستعمل عادة للملاحة وبذلك يشمل الممر المائي المضائق والقنوات الملاحية.

مناخ

معدل حالة الجو لمكان أو إقليم ما خلال الفصول والسنة، وذلك من خلال تتبع هذه الحالة فترة زمنية طويلة اقترحها البعض 35 سنة متتالية، وبذلك يمكن أن تتعاقب فيها الأحوال الجوية العادية وغير العادية. فالمناخ تكرار منتظم ومتتابع لأحوال الجو على منطقة معينة خلال فترة زمنية طويلة.

مناخ استوائي

نمط مناخي يسود المنطقة الممتدة بين خطي عرض10° شمال وجنوب خط الاستواء تقريباً، وفيه درجة الحرارة ونسبة الرطوبة مرتفعة طوال العام

وتسقط فيه أمطار تصعيدية غزيرة طوال العام، ويتساوى فيه طوال الليل والنهار تقريباً.

مناخ بحر متوسط

ويدعى المناخ المتوسطي، وهو نمط مناخي يسود المناطق الدنيا من العروض الوسطى، ويتصف بشتاء معتدل ماطر، وصيف حار جاف نوعاً، ويسود هذا النمط المناخي في الجهات المحيطة بالبحر المتوسط، وقد أطلقت التسمية على المناطق المشابهة الأخرى رغم عـدم وجـود علاقة للبحر المتوسط نفسه بها، وتمتد مناطق هذا المناخ بين خطي عرض 30-45 درجة شمالاً و 30-40 درجة جنوباً من السواحل الغربية للقارات. (شكل 31).

مناخ بحري

نمط مناخي يغلب فيه تأثير البحر أو المحيط، مما يجعل صيفه لطيفاً وشتاءه دافئاً بفعل تخفيف المساحات المائية لحرارة الصيف وبرودة الشتاء.

مناخ جاف

نمط مناخي يقل فيه تساقط الأمطار لدرجة عدم كفايتها لمتطلبات النباتات باستثناء النباتات ذات القدرة على تحمل الجفاف، ويقول رأي: أن أمطار المناخ الجاف تقل عن ما معدله 250 ملم سنوياً. (شكل 28).

مناخ جُزَري/ جزيري

نمط مناخي يسود الجزر والمناطق الساحلية، وحيث يسود أثر البحر أو المحيط مناخياً أكثر من اليابسة، فهو عكس المناخ القاري ونقيضه، ويتصف بالتفاوت القليل في درجات الحرارة بين الليل والنهار، وبين الصيف والشتاء بفعل وجـود المسـاحات المائيـة المحيطة أو المجاورة.

مناخ رطب شبه مداري

نمط مناخي يسود السـواحل الشـرقية والمناطق الداخليـة مـن العروض الوسطى، وتظهر فيه فروق حرارية كبيرة بين فصل الشتاء البارد وفصل الصيف الحار، وتسقط أمطاره طوال العام. (شكل 31).

مناخ شبه صحراوي

ويسمى مناخ الاستبس (حشائش العروض المتوسطة) ويسود وسط أوروبا وآسيا، وقد أزيلت هذه النباتات وحلت محلها محاصيل زراعية وأعمال الرعي. كما تسود في منطقة الحوض الكبير في الولايات المتحدة. أما مصطلح شبه الصحراء فيقصد به منطقة مناخية انتقالية بينية بين مناطق حشائش السافانا والصحراء بمعناها الحقيقي، وكذلك بين إقليم البحر المتوسط والصحراء، وتشبه مناطق المناخ شبه الصحراوي المناخ الصحراوي إلى حد كبير خصوصاً في قلة كمية الأمطار الساقطة. (شكل 31).

مناخ صحراوي

نمط مناخي يتصف بالجفاف حيث لا يزيد معدل الأمطار الساقطة سنوياً عن 250 ملم، وهي أمطار غير منتظمة، ويقسم إلى مناخ صحراوي حار ويسود المناطق المدارية ودون المدارية (المنطقة بين المدارين وخط عرض 40° شمالاً وجنوباً تقريباً). والأحواض الجبلية الغربية في أمريكا الشمالية. (شكل 31).

مناخ غابات مدارية مطيرة

مناخ حار على الدوام، لا يعرف أحوال التجمد، يشمل المناطق المدارية والاستوائية منخفضة المنسوب، ويتصف بوفرة الرطوبة طول العام.(شكل 31).

مناخ قاري

نمط مناخي يسود المناطق الداخلية البعيدة عن البحار والمحيطات من القارات هائلة المساحة، ويتصف بدرجات الحرارة التي تبلغ حدوداً كبيرة في ارتفاعها أو انخفاضها، كما يتصف بالفروق الحرارية اليومية والفصلية الكبيرة، وكذلك بقلة الأمطار التي تسقط بشكل رئيس أوائل الصيف، ويمتاز بالرطوبة المنخفضة.

مناخ قاري رطب

نمط مناخي يسود السواحل الشرقية للقارات في المناطق الدنيا من العروض الوسطى، ويتصف بالصيف الحار والأمطار التصعيدية الصيفية، والشتاء اللطيف والأمطار الإعصارية. (شكل 31).

مناخ قطبي

النمط المناخي السائد في المناطق القطبية والقريبة منها، وفيها لا يرتفع متوسط درجة الحرارة في أحر الشهور عن 10 درجات مئوية، ويشمل مناطق التندرا ومناطق الصقيع الدائم. (شكل 31).

مناخ مداري

الأحوال المناخية التي تسود في المناطق المدارية، وهو على أنواع مختلفة، ومنها مناخ الغابات المدارية المطيرة، والمناخ المداري الموسمي، والمناخ المداري الصحراوي الجاف. ويعود هذا التنوع إلى مقدار البعد عن المساحات المائية ومقدار الارتفاع عن سطح البحر ودرجة عرض المكان. (شكل 31).

مناطق هامشية / حدّية

مناطق مجاورة لمناطق أخرى مختلفة، ومن ذلك المناطق المجاورة للصحراء، ونظراً لعوامل التصحر المختلفة تصبح المناطق الحدية جزءاً من الصحراء، وبذلك تمتد الصحراء وتتسع.

منبـع النهـر

المكان الذي يبدأ منه النهر مجراه، ويشكل بداية الجريان الحقيقي للنهر وتمثل منطقة المنابع المصدر الرئيس لمياه النهر. (شكل 48)

منخَفَــض

منخفض أرضي: تجويف كبير نسبياً تحت منسوب سطح البحر.
منخفض (أراضي منخفضة): أراضي سهلية أقل منسوباً مما يجاورها.

منخفض جوي

منطقة معينة من الجو المحيط بالأرض يكون ضغط الهواء فيها أقل من المناطق المجاورة، وهي بذلك منطقة جذب للرياح، وهي على أنواع عدة منها: المنخفضات الحرارية والجبهية، ويظهر المنخفض الجوي على خرائط الطقس بشكل خطوط ضغط متساوي ملتفة حول مركز المنخفض. (شكل 25).

منخفض جوي جبهي

ويسمى منخفض حركي ومنخفض موجي، وهو منخفض جوي مصحوب بجبهات جوية. وهو منطقة من الضغط الجوي المنخفض نتيجة التقاء جبهتين هوائيتين إحداهما دافئة، والأخرى باردة، ويفصل بينهما قطاع من الهواء الحار، فيعلو الهواء الحار على الهواء البارد، وتلتقي الجبهتان في نقطة يكون الضغط الجوي فيها أقل ما يكون.

منخفض جوي حراري

منطقة من الضغط الجوي المنخفض تنتج عن تسخين سطح الأرض مما يؤدي إلى انخفاض في كثافة الهواء المجاور للسطح، ومن ثم انخفاض الضغط، ويترافق هذا النوع من المنخفضات مع حدوث تيارات هوائية صاعدة.

منخفض جوي خماسيني

منخفض جوي يحدث في فترة هبوب رياح الخماسين في فصل الربيع. انظر خماسين.

منخفض جوي غير جبهي

منطقة من الضغط الجوي المنخفض، لا تكون مصحوبة بجبهات هوائية، ومنها المنخفضات الحرارية، والمنخفضات الحاجزية.

منخفض صحراوي انظر حوض تذريه.

منطقة اقتصادية خاصة (بحرية)

المنطقة المائية الواقعة وراء المياه الإقليمية وتلاصقها، وقد أخذ معظم دول العالم بعرض 200 ميل بحري كأقصى اتساع لهذه المنطقة، وتقاس من خط الساحل عادة. وحقوق الدولة البحرية في هذه المنطقة هي حقوق سيادية، وتستعملها الدولة دون غيرها لغايات اكتشاف الموارد الطبيعية الحية وغير الحية، وللدولة الولاية على إقامة واستعمال الجزر الاصطناعية والبحث العلمي وحماية البيئة، مقابل مراعاتها لحقوق الدول الأخرى وواجباتها، كالملاحة ومد الكابلات البحرية. (شكل 45).

منطقـــة جافــة

منطقة لا تفي كمية الأمطار الساقطة عليها لقيام حياة نباتية واضحة وناجحة. وتحدد المناطق الجافة (القاحلة) بمواصفات:

1- إن كانت كمية أمطارها السنوية دون 250 ملم.
2- إن كان كمية أمطارها السنوية أقل مما يحتاجه النبات.
3- إن كان التبخر أكثر من كمية المطر.

منطقـــة حـــُرّة

مساحة من أرض دولة ما، لا تخضع فيها المواد أو المنتجات للرسوم الجمركية أو الضرائب باستثناء ما تفرضه الهيئة التي ترعى المنطقة. وتعتبر إقامة المناطق الحرة من أسباب الرواج الاقتصادي وتشجيع الاستثمار الخارجي في المنطقة.

منطقة طبيعية

مساحة من الأرض ذات خصائص مناخية ونباتية وتضاريسية خاصة بها، تترك دون إدخال تغييرات جوهرية عليها، وتستغل كمتنزهات أو محميات حيوانية ونباتية.

منطقة مخالفات

أحياء سكنية عشوائية البناء، وهي أقرب ما تكون للأكواخ، وتبنى دون تصاريح ودون أسس هندسية عمرانية صحيحة، وتسكنها أسر فقيرة، وتقوم هذه الأحياء قرب الأحياء المشروعة في المدن، وتفتقد غالباً للبنية التحتية والخدمات البلدية والمعيشية المناسبة.

منظمة الأقطار العربية المصدرة للنفط

وتعرف باسم " اوابك " وهي كلمة تتألف من الحروف الأولى لاسم المنظمة باللغة الإنجليزية. منظمة عربية مركزها الكويت، تأسست في 1968/1/9 تضم في عضويتها 11 دولة عربية، هي: الجزائر، البحرين، مصر، العراق، الكويت، ليبيا، قطر، السعودية، سوريا، تونس، الإمارات العربية المتحدة. وتهدف إلى تشجيع وتعزيز التعاون في مجال صناعة البترول.

منظمة الأقطار المصدرة للنفط

وتعرف باسم " أوبك " وهي كلمة تتألف من الحروف الأولى لاسم المنظمة باللغة الإنجليزية، وهي منظمة دولية مركزها فيينا / النمسا. تأسست في 1960/9/14 وتضم في عضويتها 12 دولة، هي: الجزائر، أنغولا، أندونيسيا، إيران، العراق، الكويت، ليبيا، نيجيريا، قطر ، السعودية، الإمارات العربية المتحدة، فنزويلا، وتهدف إلى تنسيق السياسات البترولية.

المنظمة الدولية للطيران المدني

منظمة تتبع هيئة الأمم المتحدة، مركزها مونتريال/كندا. تأسست في 1944/12/7 وتضم في عضويتها 189 دولة (عام 2006) تهدف إلى تشجيع وتعزيز التعاون الدولي في مجال الطيران المدني.

المنظمة الدولية للنقل الجوي

وتعرف باسم " إياتا " وهي كلمة تتألف من الحروف الأولى لاسم المنظمة باللغة الإنجليزية، وقد أسست أول مرة عام 1919، في حين تأسست المنظمة الحالية عام 1945 ولها مقر في مونتريال وآخر في جنيف، ومجال عملها إجراءات السلامة والمعايير الدولية واتفاقيات الطيران، ولها دور مالي بين الأعضاء.

منظومة بيئية/ نظام بيئي

مصطلح ابتكره تانسلي عن مصطلح آخر يقصد به قسم من الطبيعة يضم تجمعاً من النباتات والحيوانات تعيش في بيئة تأقلمت معها، وكونت وحدة متميزة، بحيث يتأثر ويؤثر كل مكوناتها مع بعضها، كما تعيش في حالة توازن بيئي.

موائد صحراوية انظر قور.

موارد أرضية

مواد تعتبر من مكونات الكرة الأرضية، يمكن استغلالها كالمياه الجوفية والتربة.

مواد خام

مواد أولية تدخل في إنتاج سلع جديدة، حيث تجري عليها تغيرات، ومنها خامات معدنية كالحديد وخامات نباتية كالقطن، وخامات حيوانية كالجلود، وتعتبر المواد الخام من أهم أسس قيام الصناعة ومتطلباتها.

مواد عالقة في الماء

مواد دقيقة التكوين، يحملها الماء أثناء جريانه، وتشمل ذرات الطين والصلصال والرمل الدقيق، وهي أسهل المواد نقلاً عن طريق الماء.

مواد عضوية في التربة

مواد مصدرها تحول بقايا الحيوانات والنباتات إلى مادة الدبال، وذلك بفعل الكائنات الحية التي تعيش في التربة من ديدان وفطريات وبكتيريا حيث تعمل على تحلل البقايا. (انظر دبال).

مواد مذابة في الماء

مواد صخرية تحملها المياه الجارية بشكل ذائب، وتنقلها إلى أماكن أخرى، كالمركبات الكلسية (الجير) التي تسهل إذابتها بفعل الماء.

موارد اقتصادية

مواد يمكن استغلالها والاستفادة منها اقتصادياً كالمياه والمعادن والغابات وغيرها، وذلك باستغلال الإنسان واستخدامه لها، إما في الغذاء أو الكساء أو المسكن أو القوى المحركة.

موارد بشرية

قدرات الإنسان ومؤهلاته من علم وخبرة وإبداع، وقدرة على التكيف، وهي موارد متطورة عكس باقي الكائنات الحية، مما يتيح له الاستفادة مما وفرته الطبيعة من موارد ومصادر ثروة متنوعة.

موارد طبيعيـة

مواد وعناصر متوفرة من البيئة الطبيعية، يمكن للإنسان الاستفادة منها، وهـي وإن كانت لا تدين للإنسان في وجودها إلا أنه عامـل رئيس في استهلاكها ونفاذها، ويستفيد الإنسان منها اقتصادياً كالثروات المعدنية ومواد الطاقة والغابات وغيرها.

موارد طبيعية غير متجددة

ثروات ومصادر لا يتم تعويض ما استهلك منها كالبترول والفحم والمعادن وغيرها، وذلك لأنها تكونت في الأرض عبر ملايين السـنين، وعليه لا توجـد مـواد تحـل بـدلاً عنهـا، وذلك عكس الماء كمورد طبيعي متجدد.

موارد طبيعية متجددة

ثروات ومصادر يتم تعويضها طبيعياً من خلال تجدد هذه المواد، إما لكثرتها وإما لأنها نتـاج دورة حياتية متكاملة كالماء والتربة والهواء (انظر دورة الماء في الطبيعة).

مـوارد مائيـة

الماء من مختلف المصادر كالمياه الجوفية والتي يتم استخراجها عبر الأبار الارتوازيـة أو التي تخرج من الينابيع المتدفقة طبيعياً، وكذلك المياه السطحية مـن أنهار وسـيول وبحيرات، والتي تبدأ دورة حياتها من مياه الأمطار.

موازنـة مائيـة

الفرق بين كمية المياه الموجودة والواردة أو المتوفرة من جهة، وكمية المياه المطلوبة للاستهلاك من جهة أخرى، وفي حالة زيادة الثانيـة عـلى الأولى يكون النـاتج عجـزاً مائيـاً وعكسه الفائض المائي.

موانئ ترانزيت / مرور / عبور

موانئ يتم فيها استقبال وتخزين، ومن ثم انتقال بضائع مستوردة لحساب دول أخرى، دون دفع الرسوم الجمركية المعتادة. حيث أن هذه البضائع يتم بيعها وتـداولها في غير الدولة التي يتبعها الميناء، وتقوم موانئ الترانزيت نتيجة

تمتع موانئ دولة ما بميزات جغرافية وسياسية لا تتوفر للدولة التي استوردت البضائع لحسابها. وقد تجري أعمال تصنيع أو تشكيل للبضائع مؤقتاً انتظاراً لشحنها إلى جهات أخرى.

مــوج

حركة رأسية لماء البحر أو المحيط، نتيجة هبوب رياح باتجاه معين، أو بسبب ظاهرة المد والجزر، أو التيارات البحرية، وتتكون أكبر الأمواج في المحيطات، وقد يصل ارتفاعها إلى 10 أمتار، وتعتبر الأمواج من عوامل التعرية.

موزمبيق (تيار)

تيار دافئ يبدأ من الشمال الغربي لجزيرة مدغشقر ويتجه نحو الجنوب الغربي عبر مضيق مدغشقر، ويستمر حتى سواحل الطرف الجنوبي لقارة افريقيا. وهو من تيارات المحيط الهندي.

موسمي (إقليم)

ويسمى أيضاً الإقليم المداري الموسمي، يوجد بدرجة رئيسة في جنوب وجنوب شرق آسيا، أي جنوب وغرب الهند وما يعرف بالهند الصينية وجنوب الصين والفلبين وفي مرتفعات اليمن وجنوب عُمان، وفي أفريقيا في هضبة الحبشة وجزيرة مدغشقر، وفي أمريكا الجنوبية والوسطى في مرتفعات فنزويلا وغيانا، ومعظم أمريكا الوسطى، وفي شمال أستراليا. وأمطاره غزيرة في فصل الصيف وخاصة في المناطق المرتفعة التي تعترض الرياح الموسمية الرطبة بينما يكون فصل الشتاء جافا، وترتفع فيه الحرارة صيفا، وتعتدل شتاء، وتهب الرياح الموسمية صيفا من البحر إلى اليابس نتيجة للسخونة الشديدة لليابسة مما يكّون انخفاضاً جوياً عميقاً، بينما يحدث العكس في الشتاء حيث البرودة الشديدة لليابسة مما يعكس اتجاه الرياح لتصبح من اليابسة نحو البحر.

موسمية (رياح)

سميت بهذا الاسم لأن اتجاه هبوبها يتغير تماماً في فصل الصيف عنه في الشتاء، وأطلق الاسم في الأصل على الرياح في البحر العربي والتي تهب لمدة

ستة أشهر من الشمال الشرقي، وستة أشهر أخرى من الجنوب الغربي، وأصبح الآن يطلق على الرياح التي ينعكس اتجاهها السائد انعكاسا تاما من فصل لآخر، وذلك لتغير الضغط الجوي من فصل لآخر. ففي الشتاء يرتفع الضغط فوق اليابسة وينخفض فوق البحار كون اليابسة أبرد ومن ثم تهب الرياح الموسمية الشتوية نحو البحار وهي رياح باردة جافة، وفي الصيف يحدث العكس تماماً حيث تكون البحار أبرد من اليابسة ومن ثم يكون الضغط مرتفعا فوق البحار ومنخفضاً فوق اليابسة، مما يؤدي إلى انعكاس الرياح لتصبح من البحار إلى اليابسة وهي رياح دافئة ورطبة ومن ثم تسقط أمطاراً. تسود هذه الرياح في جنوب شرق آسيا (الصين، اليابان، كوريا)، وفي جنوب آسيا (الهند، سريلانكا)، ويوجد مثيل للرياح الموسمية أقل أهمية وقوة وشبيه لنفس النظام، وذلك في جنوب وجنوب شرق الولايات المتحدة، وشمال أستراليا.

موضـــع

المكان المحلي، وهو نقطة وليس بمنطقة، فقد تكون هناك عدة مواضع في موقع ما. وبذلك يكون الموضع أكثر تحديداً مكانياً من الموقع.

موطـــن

الوسط الذي تعيش فيه الكائنات الحية بمختلف أنواعها، ويتكون هذا الوسط من الماء والهواء والتربة والحرارة والرطوبة، ويمارس فيه أفراد المجتمع الحيوي دورة حياتهم ووظائفهم وأدوارهم المختلفة.

موقـــع

مكان التواجد، وهو المكان بالنسبة للمناطق المحيطة أو الجهات المجاورة له. والموقع على أشكال فهناك الموقع الفلكي، والموقع بالنسبة للمساحات المائية والموقع بالنسبة للدول المجاورة، وقد يحوي الموقع على عدة مواضع، فالموضع أكثر تحديداً مكانيا من الموقع.

موقع استراتيجي

موقع يتمتع بأهمية عسكرية على مستوى عالمي أو دولي، كالممرات المائية العالمية التي تربط بين البحار والمحيطات، أو وجود جزيرة أو جزر ما على مقربة من منطقة صراعات ونزاعات عالمية.

موقع بحري

موقع دولة أو مساحة من اليابسة مجاورة لبحر أو محيط يتصل بالمساحات المائية الكبرى، مما يسهل حركة التجارة من وإلى هذه الدولة بأخفض التكاليف دون المرور في أراضي دول أخرى، مما يساعد على تقليل التكاليف أيضاً. هذا إضافة لأهمية المساحات المائية كمصدر للثروات السمكية والمعدنية، وتأثير البحار على الأحوال الجوية، وللموقع البحري للدولة إيجابياته التي تفوق سلبياته.

موقع جغرافي

موقع الدولة بالنسبة للدول المجاورة، ومدى أهمية هذا الموقع في ضوء العلاقات القائمة بينها، وبين شعوبها، إضافة لموقع الدولة بالنسبة للظاهرات الجغرافية الكبرى المجاورة والمحيطة كالصحارى والجبال والهضاب مما يؤثر على مناخها واقتصادها وعلاقاتها.

موقع صناعي

الموقع الملائم، والذي تتوفر فيه شروط قيام صناعة ما، من ظروف مناخية وموقع جغرافي ومن حيث توفر المواد الخام، وسوق الاستهلاك والأيدي العاملة وغير ذلك.

موقع فلكي

الموقع بالنسبة لدوائر العرض وخطوط الطول، إذ تتأثر الأحوال المناخية وفق الموقع بالنسبة لدوائر العرض، حيث لا تتعامد أشعة الشمس إلا على المنطقة الواقعة بين دائرتي عرض 23.5 درجة شمالاً (مدار السرطان) و23.5 درجة جنوباً (مدار الجدي) وذلك في أوقات محددة من السنة، وكلما ازداد البعد

شمال مدار السرطان وجنوب مدار الجدي تنخفض درجة الحرارة، وما يتبع ذلك من اختلافات وتغيرات في الأحوال المناخية، كما يؤثر موقع الدولة بالنسبة لخطوط الطول في تحديد منطقة أو مناطق التوقيت التي يعمل بها رسمياً، وتفيد معرفة دائرة عرض المكان وخط طوله في تحديد مكانة على الخارطة.

مياه إقليمية

شريط من مياه البحر أو المحيط، يمتد ملاصقاً لساحل الدولة المطلة عليه ومحاذياً له، ويخضع هذا الشريط المائي لسيادتها الكاملة شأنه في ذلك شأن أرضها اليابسة، ويعتبر جزءاً من أرضها، كما يعتبر حد المياه الإقليمية نحو البحر هو الحد السياسي للدولة. وقد حُدد عرض 12 ميلاً بحرياً كحد أقصى يسمح للدولة البحرية المطالبة به بموجب اتفاقية دولية عقدت عام 1982 ، ولا تتقيد بذلك بعض الدول البحرية. ووظائف المياه الإقليمية هي الدفاع ومكافحة التهريب وحماية مناطق الصيد والحجر الصحي والرقابة الصحية. (شكل 45).

مياه جوفية

المياه الموجودة تحت سطح الأرض، حيث تتسرب بعض مياه الأمطار والمياه الجارية الأخرى عبر مسام وشقوق التربة والصخر، وتحبسها طبقة صخرية غير منفذة للماء، وتتشكل بذلك خزانات مائية جوفية، يخرج الماء إما بثقب الطبقة الصخرية التي تعلوها للنفاذ خلالها إلى الماء، أو عن طريق الينابيع الطبيعية.

مياه جوفية غير متجددة

مياه جوفية يعود تاريخ وجودها إلى آلاف السنين، حيث كانت أحوال المناخ غير ما هي عليه الآن، وحيث كان العصر المطير سائداً، ومنها المياه الجوفية في الصحاري، ويؤدي استغلالها حالياً بمعدل استهلاك هائل إلى استنفاذها سريعاً، لعدم توفر مصادر تغذي أحواضها الجوفية.

مياه جوفية متجددة

مياه جوفية تتغذى أحواضها من مياه الأمطار في مواسم وفصول هطولها، إضافة للمياه السطحية الأخرى، وبذلك تتوفر المياه للآبار الارتوازية والينابيع،

ويلاحظ أن كثيراً من الآبار والينابيع يقل إنتاجها من الماء في حال تعاقب مواسم متتالية من شح في الأمطار أو احتباسها.

مياه سطحية

المياه الجارية على سطح الأرض، فهي مقابل للمياه الجوفية، وتعتبر الأنهار أهم مصادرها، وقد قامت بسببها حضارات قديمة ومشاريع هائلة حالياً. وتضاف الأودية للمياه السطحية وهي مجاري مائية مؤقتة حيث تجري فيها المياه عقب سقوط الأمطار، وقد تغذيها بعض الينابيع. وتعتبر مياه الينابيع من المياه السطحية رغم أن مصدرها هو المياه الجوفية.

مياه عادمة

المياه غير النقية والملوثة، وتنتج عن استخدام الإنسان، وأنشطة حياته الاجتماعية كالمنزلية، والاقتصادية كالزراعة والصناعة. وتحوي عادة ملوثات ومواداً ضارة عضوية وغير عضوية، مثل: الجرثومية والحرارية والإشعاعية والكيماوية.

مياه عذبة

عكس المياه المالحة، وهي المياه الصالحة للشرب والري. ومن مصادرها الأنهار والأودية والينابيع، وفي حال عدم توفر مياه عذبة للشرب والاستخدام المنزلي تتم معالجة مياه البحر في محطات تكرير وتنقية وتحلية خاصة، وهو أمر مكلف مادياً. ومما ورد في المواصفات الأردنية عن الرقم الهيدروجيني 6.5:PH - 8.5 (ملغم/لتر) والمواد الذائبة الكلية بين 500 كحد أدنى و 1500 كحد أقصى لمياه الشرب.

ميزان تجاري

الفرق بين قيمة صادرات دولة ما ووارداتها في عام كامل، وفي حال زيادة الأولى على الثانية يعتبر الميزان رابحاً وعكس ذلك خاسراً.

ميزان مائي انظر موازنة مائية.

ميزوبـوز

الحد الفاصل بين طبقة ميزوسفير في الأسفل وطبقة ثيرموسفير في الأعلى.

ميزوسفيـر

الطبقة الثالثة في الغلاف الجوي، وتمتد تقريبا ما بين 50-80 كم عن سطح الأرض، وتقع بين طبقتي ستراتوسفير في الأسفل، وطبقة ثيرموسفير في الأعلى، وتنخفض فيها الحرارة بالإرتفاع بحيث يمكن أن تصل إلى 100 درجة سلسيوس (مئوي) تحت الصفر وهي بذلك أبرد طبقات الغلاف الجوي. (شكل 46).

ميسـا انظر مزيتا.

مينـاء

جزء من مدنية أو بلدة يقع على نهر أو ساحل بحيرة أو بحر أو محيط يمكن أن ترسو عنده السفن، وتفرغ حمولتها أو تشحنها. وتشمل منطقة الميناء الجهات المجاورة له وتزوده بالخدمات والتسهيلات من أرصفة واتصالات وغيرها. والموانئ ذات أنشطة متعددة فمنها ما هو للصيد ومنها ما هو للنقل أو يكون قاعدة بحرية للأسطول. ولظهير الميناء (حوز الميناء) دور أساسي في نشاطه. ويمكن القول أن مصطلح الميناء أكثر شمولية من المرفأ لأنه يشمل مناطق خدمية وتخزينية. وقد يكون الميناء بعيداً عن أي مدينة ويخصص لتصدير سلع بعينها كالبترول أو الفوسفات.

حرف النون

ناتج قومي إجمالي

هو الناتج المحلي الإجمالي مضافاً إليه دخول أخرى كالاستثمارات التي يقوم بها المواطنون ناقصاً الدخول التي ربحها مستثمرون أجانب في الدولة.

ناتج قومي إجمالي

هو الناتج المحلي الإجمالي مضافاً إليه دخول أخرى كالاستثمارات التي يقوم بها المواطنون ناقصاً الدخول التي ربحها مستثمرون أجانب في الدولة.

ناتج محلي إجمالي

مجموعة الدخول التي تتأتى من خلال الفعاليات والأنشطة الاقتصادية داخل دولة ما، أي كل ما يرد للدولة من داخلها من عوائد، سواء من مواطنيها أو من غيرهم في عام كامل.

نافورة حارة

اندفاع مياه وأبخرة ينابيع حارة بضعة عشرات من الأمتار، على دفعات تفصلها عن بعضها بضع دقائق، وذلك بسبب ضغط بخار الماء أسفل الينابيع، وكثيراً ما تعود المياه المندفعة إلى باطن الأرض الذي خرجت منه. وتدعى بالإنجليزية " جيزر " وهي كلمة من أصل اسم أيسلندي لينابيع حارة بفعل البراكين، ويعني اللفظ " يندفع صاعداً ".

نبات طبيعي

النباتات بمختلف أنواعها والتي تنمو في وسط أو بيئة ما دون تدخل للإنسان في اختيارها، ويتحدد نوعها ونموها وفق أحوال المناخ خاصة درجة الحرارة وكمية المطر، إضافة لنوع التربة. وقد تأثر النبات الطبيعي في كثير من جهات العالم بدور الإنسان، وذلك بإزالته لأنواع نباتية معينة كالغابات الاستوائية، أو أعمال الرعي الجائر في مناطق المراعي.

(شكل 22، وشكل 32).

نباك / تجمع رملي صحراوي

ومفردها نبكه. والنبـاك شكـل مـن الإرسـابات الرمليـة، وهـو تجمـع للرمـال حـول شجيرات أو أي نباتات صحراوية، أو أي حاجز يقع في مهب الرياح المحملة بالرمال.

نبتــون

ثامن الكواكب السيارة بُعـدا عـن الشـمس (4,496,700,000 كـم) ورابعهـا حجمـا (53.8 مَثَل حجم الأرض)، وعدد أقماره 8، ومدة دورانه حول نفسـه 15.8 سـاعة، وحول الشمس 164 سنة و 321 يوماً. (شكل 37).

نتــح

تبخر الماء مـن النبات. ويتوقـف مقـداره علـى درجـة الحـرارة والضـوء والرطوبـة، وتلطف عملية النتح من حرارة النبات.

نجـد

- النجد لغة: أرض واسعة، مرتفعة، قليلة التضرس، وقد تعلوهـا جبـال، وتعبرهـا أنهـار، ويسميها البعض أحياناً الهضبة.
- النجد اصطلاحاً: هضبة وسط شبه جزيرة العرب، ومصدر اسمها المعنى السابق.

نجـم

كتلـة غازيـة ملتهبة وحـارة جـداً بسـبب تفـاعلات فيهـا، ولا يلاحـظ ضـوءها إلا لـيلاً، وعددها هائل جداً، وهي بعيدة جداً عن كوكب الأرض، وتعتبر الشمس أقرب النجوم إلى الأرض، وهي بذلك تحجب ضوء باقي النجوم نهاراً، ويعتبر النجـم القطبـي مـن أشـهر النجوم حيث تتحدد بوساطته جهة الشمال.

نجـوم أقـزام

أصغر النجوم حجماً، ومنها الشعرى اليمانية.

نجـوم عملاقـة

أكبر النجوم حجماً، بعد النجوم فوق العملاقة، ويزيد حجم النجم منها على حجم الشمس عدة مرات ومنها نجم العيوق.

نجوم فوق عملاقه

أكبر النجوم حجماً على الإطلاق، ويزيد حجم النجم منها على حجم الشمس مئات المرات، ومنها نجم منكب الجوزاء.

نجوم متغيـرة

نجوم تحدث تغيرات في شدة إضاءتها الظاهرية، بسبب حدوث انفجارات دورية على فترات متفاوته فيها، أو خروج غازات هائلة مـن بعضها، وتتحـرك حـول النجم ممـا يؤثر على شدة إضاءته.

نجـوم متوسطة

نجوم الواحد منها بحجم الشمس، وقـد اسـتخدم مقدار حجـم الشمس لتقسيم النجوم إلى فوق عملاقة وعملاقه ومتوسطة وأقزام.

نـدى

قطرات دقيقـة مـن المـاء تتكاثف فوق سـطح الأرض، والسـطوح الباردة الأخرى كأوراق الأشجار والزجاج وأجسام السيارات وغيرها، بسبب تدني درجة الحرارة فـي الصباح الباكر حيث يتكاثف بخار الماء الموجود في الهواء الملامس للسطوح الباردة.

نسيم البحر

حركة نهارية للهواء من البحر إلى اليابسة، بسبب اختلاف الحـرارة بينهما، إذ أن اليابسة تسخن سريعاً في النهار، مما يجعل الهواء الملامـس لهـا يسخن ويصعد إلى أعلى ليحل محله هواء أبرد منه آت من البحر. ويعمل هذا النسيم على تلطيف درجـة حـرارة هواء اليابسة.(شكل 41).

نسيم البر

حركة ليلية للهواء من اليابسة إلى البحر، بسبب اختلاف درجة الحرارة بينهما، إذ تبرد اليابسة سريعاً في الليل مما يؤدي إلى ارتفاع ضغط الهواء فوقها، فيتجه الهواء من اليابسة إلى البحر. (شكل 41).

نسيم الجبل

ريح باردة تهب ليلاً من أعالي الجبال والمنحدرات على الأودية وسفوح الجبال والتلال بسبب كثافة الهواء الذي برد في الأعالي، وكذلك بسبب سخونة الهواء الملامس للسفوح المواجهة لأشعة الشمس الذي يرتفع إلى أعلى. وأكثر ما يكون النسيم شدة في ساعات الصباح الباكر، ويسمى أيضاً الرياح الهابطة. (شكل 41).

نسيم الوادي

ريح دافئة تتحرك نهاراً من الأدوية والأماكن المنخفضة نحو سفوح الجبال والأعالي، بسبب سخونة الهواء وتمدده وصعوده إلى أعلى، وتسمى أيضاً الرياح السفحية الصاعدة. (شكل 41).

نشاط اقتصادي

أي فعالية تقوم على استغلال أي مورد أو مصدر للدخل في الدولة، كاستخراج المعادن والزراعة وتربية الحيوان والتجارة والصناعة. ويتحدد مدى ازدهار هذا النشاط وفق موارد الدولة وأحوالها المناخية وأوضاعها السياسية.

نشاط بشري

أي فعالية تقوم على عمل الإنسان في أي قطاع اقتصادي في الدولة من أعمال الزراعة والرعي والتعدين والصناعة والتجارة والخدمات، ويتحدد هذا النشاط وفق أحوال مناخية واقتصادية وسياسية.

نصيب الفرد من الدخل القومي السنوي

حصة الفرد أي المواطن من مجموع دخل الدولة من مختلف قطاعات الإنتاج الزراعي والحيواني والصناعي والتجاري وغيرها في سنة، ويتم وفق الصيغة التالية:

نصيب الفرد من الدخل القومي= مجموع الدخل القومي للدولة ÷ عدد سكان الدولة

ويعتبر نصيب الفرد هذا من مؤشرات الوضع الاقتصادي والاجتماعي لسكان الدولة.

نصيب الفرد من المياه سنوياً

حصة الفرد أي المواطن من كمية المياه المتوفرة من المصادر المائية المتجددة سنوياً. ويتم حسابها وفق الصيغة التالية:

$$\text{نصيب الفرد من المياه سنوياً} = \frac{\text{كمية المياه المتوفرة (م}^3\text{) من المصادر المتجددة سنوياً}}{\text{عدد سكان الدولة في منتصف السنة}}$$

نطاقات الضغط الجوي الرئيسة

هي مناطق الضغط الجوي المنخفض والمرتفع الرئيسة في العالم وهي:

- نطاق الضغط الجوي المنخفض الاستوائي.
- نطاق الضغط الجوي المرتفع فوق المداري.
- نطاق الضغط الجوي المنخفض الشمالي (دون القطبي).
- نطاق الضغط الجوي المنخفض الجنوبي (دون القطبي).
- نطاق الضغط الجوي المرتفع القطبي (الشمالي والجنوبي).

علماً بأن نطاقات الضغط الجوية والرياح المتعلقة بها لا تبقى ثابتة في أماكنها بل تتزحزح وفق نظام دقيق يرتبط بحركة الشمس الظاهرية إلى الشمال والجنوب من خط الاستواء، وذلك بمقدار يتراوح بين 5 - 10 درجات عرضية.

نطاق الضغط الجوي المرتفع القطبي

يتركز عند القطبين الشمالي والجنوبي بسبب انخفاض درجة الحرارة عندهما، وبسبب وجود تيارات هوائية هابطة قادمة من المنطقة الاستوائية، ولقلة وجود بخار الماء في الهواء. (شكل 42).

نطاق الضغط الجوي المرتفع / منطقة مدار الجدي

منطقة ضغط مرتفع توجد عند خطي العرض 30-35 درجة جنوب خط الاستواء وتعرف باسم عروض الخيل، ويرجع ارتفاع الضغط فيها إلى وجود هواء هابط قادم من المنطقة الاستوائية، وإلى سيادة الجفاف في هواء هذه المنطقة.

نطاق الضغط الجوي المرتفع / منطقة مدار السرطان

منطقة ضغط مرتفع توجد عند خطي العرض 30-35 درجة شمال خط الاستواء وتعرف باسم عروض الخيل، ويرجع ارتفاع الضغط فيها إلى وجود هواء هابط قادم من المنطقة الاستوائية، وإلى سيادة الجفاف في هواء هذه المنطقة. (شكل 42).

نطاق الضغط الجوي المنخفض الاستوائي

يعود انخفاض الضغط في هذا النطاق إلى التسخين المستمر لسطح النطاق الاستوائي الذي يحيط بالكرة الأرضية، مما يوجد حركة تصعيد مستمرة، وتكون حركة الهواء عمودية نحو الأعلى، كما يؤدي ارتفاع نسبة بخار الماء في الهواء إلى خفض الضغط الجوي، ولذلك لا توجد حركة رياح واضحة أو قوية، ويسمى إقليم الرهو أي السكون الاستوائي. (شكل 42).

نطاق الضغط الجوي المنخفض الجنوبي (دون القطبي)

يتركز هذا النطاق بين خطي عرض 45-60 درجة جنوب خط الاستواء، ورغم انخفاض معدلات درجة الحرارة في هذه المناطق إلا أن الضغط الجوي منخفض بسبب وجود تيارات هوائية صاعدة، كونها مناطق تقابل الكتل الهوائية القادمة من عروض متعاكسة.

نطاق الضغط الجوي المنخفض الشمالي (دون القطبي)

يتركز هذا النطاق بين خطي عرض 45-60 درجة شمال خط الاستواء، ورغم انخفاض معدلات درجة الحرارة في هذه المناطق إلا أن الضغط الجوي منخفض بسبب وجود تيارات هوائية صاعدة، كونها مناطق تقابل الكتل الهوائية القادمة من عروض متعاكسة. (شكل 42).

نظـــام

عدد من المتغيرات ذات العلاقة المتبادلة فيما بينها، ومن أمثلة ذلك النظام الأرضي الذي يتكون من الغلاف الجوي والغلاف الصخري والغلاف الحيوي (حيث توجد الحياة) والتربة، وما بينهما من علاقات متبادلة، حيث يؤثر كل منهما في الآخر بدرجة ما، إضافة إلى أثر ذلك على الكائنات الحية، حيث يقوم كل عنصر أو مكوّن في أي نظام بوظائف أهمها المساعدة على استمرار الحياة على سطح الأرض.

نظام أرضي

مجموعة الغلاف الجوي والهواء، والغلاف الصخري (القشرة الأرضية)، والغلاف الحيوي أي حيث توجد الكائنات الحية (المياه العذبة والمالحة واليابسة) وما بينها من علاقات متبادلة.

نظام إقليمي

مجموعة عناصر في منطقة ما، لكل منها وظيفته وعلاقته مع العناصر الأخرى، وذات تأثيرات متبادلة، ومن ذلك أن منطقة صناعة تشكل إقليماً صناعياً، فالمصانع والمساكن والمستودعات والمؤسسات الخدمية والمالية وشبكة المواصلات تشكل عناصر هذا الإقليم، ويشكل هذا الإقليم جزءاً من نظام إقليمي أوسع قد يشمل أقاليم صناعية وزراعية أخرى.

نظام جوي

مجموعة الغازات من نيتروجين وأكسجين وثاني أكسيد كربون وغيرها، والمكونات الأخرى لأجواء منطقة ما، وترتبط مع بعضها بعلاقات تقوم في

مجملها بدعم استمرار الحياة على سطح الأرض، وحمايتها من المؤثرات الطبيعية الأخرى.

نظام حيوي انظر منظومة بيئية.

نظام شمسي

مجموعة الأجسام السماوية المكونة للشمس والكواكب السيارة التي تدور حولها، والنيازك والشهب والمذنبات والتوابع (الأقمار التابعة للكواكب). ويكون النظام أو المجموعة الشمسية جزء من مجموعة تعرف باسم درب التبانة.

نظام صخري / بنية الصخر

الوضع أو الشكل الذي تتخذه صخور القشرة الأرضية، أو ترتيب الطبقات الصخرية نتيجة لتأثرها أو عدم تأثرها بالحركات الأرضية، وبذلك يكون النظام الصخري أو بنية الصخر هي محصلة عوامل متعددة.

نظام عالمي جديد

اتفاق وتوافق بين عدد قليل من الدول أهمها وعلى رأسها الولايات المتحدة الأمريكية لإعادة فرض السيطرة على العالم.

نظام مائي

المصادر والموارد المائية بكافة أشكالها وصورها السائلة والصلبة والغازية الموجودة في الهواء وعلى سطح الأرض أو في باطنها، وترتبط جميعها فيما بينها بشبكة من العلاقات المعينة والمساعدة على استمرار الحياة على سطح الأرض.

نظام مطر

موعد وكمية المطر الساقط على منطقة ما من العالم، ويكون لأسباب منها مناخية وتضاريسية وغيرها.

نظام مطر استوائي

يتمثل في المناطق منخفضة السطح من المنطقة الواقعة بين خطي عرض 5° شمال وجنوب خط الاستواء، ويتصف بغزارة الأمطار، والتي تزيد في معدلها على 200 سم سنوياً، ولهذا النظام قمتان مطريتان تقعان في الربيع والخريف، أي عندما تكون الشمس عمودية ظاهرياً على المنطقة.

نظام مطر بحر متوسط

يتمثل هذا النظام في منطقة حوض البحر المتوسط وعلى السواحل الغربية للقارات في المنطقة الممتدة بين خطي عرض 30-40 درجة شمال وجنوب خط الاستواء، وهي منطقة انتقالية بين إقليم صحراوي جاف وإقليم رطب. وأمطار هذا النظام شتوية وتتراوح بين 50- 100 سم سنوياً بفعل الرياح العكسية، وصيف هذا الإقليم جاف بسبب تأثير الضغط المرتفع المداري.

نظام مطر شبه استوائي

يجاور هذا النظام منطقة النظام الاستوائي، ويختلف عنها في أن كمية الأمطار فيه أقل، وكذلك في اقتراب قمتا المطر زمنياً من بعضهما إذ تصبحان صيفاً، وتمتد منطقة هذا النظام بين خطي عرض 5- 8 درجات شمال وجنوب خط الاستواء.

نظام مطر صحراوي حار

يتمثل هذا النظام بين خطي عرض 18 أو 20- 30 درجة شمال وجنوب خط الاستواء، ويتصف بقلة أمطاره طول العام لوجود كتل هوائية هابطة في مناطق الضغط المرتفع فوق المداري، وإن كانت السواحل الشرقية من القارات ممطرة بسبب هبوب الرياح التجارية.

نظام مطر صيني

يتمثل هذا النظام بين خطي عرض 30- 40 درجة شمال وجنوب خط الاستواء على السواحل الشرقية للقارات. وتسقط أمطاره صيفاً بسبب الرياح الموسمية الصيفية كما تسقط شتاء بفعل الأعاصير. وسمي بهذا الاسم لأنه يتمثل في شرق الصين، إضافة إلى مناطق أخرى من العالم. وتتراوح كمية أمطاره بين 100- 200 سم سنوياً.

نظام مطر غرب أوروبا

يتمثل هذا النظام بين خطي عرض 40- 60 درجة شمال وجنوب خط الاستواء على السواحل الغربية للقارات. وتسقط أمطاره طوال العام بفعل المنخفضات الجوية وأعاصير العروض الوسطى، حيث يقع غرب أوروبا في مهب الرياح العكسية، وتتراوح معدلات الأمطار بين 100- 250سم سنوياً مع التباين وفق طبيعة المنطقة إن كانت جبلية أم سهلية.

نظام مطر مداري (سوداني)

يتمثل هذا النظام بين خطي عرض 8-18 أو 20 درجة شمال وجنوب خط الاستواء، وتسقط معظم أمطاره صيفاً، وشتاؤه جاف.

نظام مطر موسمي

يحمل هذا النظام اسم الرياح الموسمية، وتسقط أمطاره صيفاً بفعل الرياح الموسمية الصيفية القادمة من المحيطات، أما الرياح الموسمية الشتوية فهي جافة بوجه عام، لأنها قادمة من اليابسة وهو أغزر جهات العالم أمطاراً، خصوصاً السفوح الجبلية الواقعة في مهب الرياح الموسمية الصيفية.

نظام مطر وسط القارات

يتمثل هذا النظام في أواسط القارات، أي في المناطق الداخلية من العروض الوسطى، وأمطاره قليلة بسبب بعد مناطقه عن المساحات المائية ولإنحراف الرياح القادمة من المحيطات وعدم توغلها داخل اليابسة بفعل دوران الأرض.

نظرية مالتوس انظر مالتوس (نظرية).

نظم معلومات جغرافية

طريقة تخزين ومعالجة المعلومات الجغرافية بوساطة الحاسوب، ويتكون النظام من معلومات الخارطة الرقمية والحاسوب الذي يعالجها والبرنامج. وذلك بهدف الاستفادة منها في جوانب علمية تطبيقية.

نفايات بشرية

مواد يلقيها ويخرجها الإنسان وفق أسلوب معيشته ومستواها، وهي غالباً مواد ضارة إن لم تتم معالجتها أو التخلص منها بالوسائل المناسبة.

نفط

سائل يتكون من مزيج معقد من المواد، ويتألف بشكل أساسي من غازات وزيوت الهيدروجين، وقد تكوّن عبر ملايين السنين من بقايا نباتية، ويوجد عادة بين طبقات صخرية، ويقال أنه تم العثور عليه نحو عام 200 ق.م، ويستخدم حالياً للإنارة وكوقود، وقد ازدادت أهميته بعد اختراع المحرك الذي يعمل بمشتقات البترول والديزل نحو عام 1900، ويستخدم حالياً إضافة لما سبق في الصناعات البتروكيماوية.

نفق بلاستيكي

أحواض زراعة تمتد طولياً وتغطيها رقائق بلاستيكية تبدو بشكل أنابيب ضخمة، وتعمل على توفير أجواء زراعية مناسبة بشكل دائم وليس في موسم الإنبات فقط، وتؤمن الحماية من عوارض الأحوال الجوية.

نقص تغذية / نقص غذاء

توفر الغذاء دون الكمية الكافية لحاجة الإنسان، وبذلك لا يحصل الجسم على حاجته الغذائية، وتسمى حالة كهذه بالجوع، وقد تكون الكمية كافية في عنصر غذائي دون عناصر أخرى، ويسبب ذلك مشاكل صحية للإنسان.

نقطة الندى

درجة الحرارة التي يبدأ عندها تكاثف بخار الماء الموجود في الهواء المشبع بالرطوبة والتي يعجز عن حملها. وتحسب درجة الندى من مقارنة درجة حرارة ميزاني الحرارة الرطب (المبلل) والجاف اعتماداً على جدول موضوع لهذه الغاية.

نقـــل (ركاب وبضائع)

انتقال الأفراد والسلع بمختلف أشكالها من مكان لآخر لغاية محددة، وذلك باستخدام الوسيلة المناسبة والمتوفرة سواء بالطرق البرية أو السكك الحديدية أو بالطرق البحرية أو الجوية. وكانت بداية النقل باستخدام طاقة جسم الإنسان، ثم باستخدام طاقة الحيوان وهكذا.

نقـــل (من مراحل التعرية)

انتقـال مواد مفككة أو متحللة أو ذائبة من منطقة إلى أخرى. ومن عوامل التعريـة الأنهار التي تعمل على حمل ودفع المواد لتقوم بإرسابها في مناطق أخرى، وكذلك الرياح التي تسفي الرمال وتحمل الغبار من مكان لآخر.

نقل أنابيــب

استخدام أنابيب لنقل البترول الخام أو الغاز، من أماكن الإنتاج إلى مصـافي التكرير أو موانئ التصدير، وتوجد محطات مزودة بمضخات ضخمة تعمـل عـلى دفع السـائل في الأنابيب. وتعقد الدول المنتجة اتفاقيات مع دول أخرى للسماح لها بمد خطوط الأنابيب عبر أراضيها وحمايتها تسهيلاً لوصول البترول إلى الموانئ ومن ثم للأسواق العالميـة، وذلك مقابل ضرائب ورسوم.

نقـــل بحري

وسيلة نقل رخيصة، تتم عـبر المسـاحات المائيـة مـن بحار ومحيطات، أو الأنهار والقنوات الملاحية، وقد تطور النقل البحري في أنواع القوارب والسفن والطاقة التي تعمل بها، كما تطور من حيث السرعة والمدى الذي تصل إليـه السـفن، وتطورت سبل الملاحـة وأدواتها من خرائط ورادار وأقمار اصطناعية. وشهد النقل البحري نمواً وازدهاراً عظيماً، وأصبح هنـاك نـاقلات متخصصـة بنقـل البـترول وأخرى للحاويـات والـرحلات السـياحية وغيرها.

نقـــل بــري

أقدم أنواع النقل على الإطلاق. وبدأ باستخدام الإنسان لطاقته البدنية ثـم الحيوان فالعربات التي تجرها الحيوانات، وبعدها انتقل للنقل الميكانيكي

كالسيارات والقطارات، وتطورت القطارات والسيارات والشاحنات إلى جانب تطور إنشاء ومد الطرق المعبدة والسكك الحديدية، وما صاحب ذلك من شق للأنفاق وبناء للجسور اختصاراً للمسافات والزمن.

نقـل جـوي

أسرع وأغلى أنواع النقل، وقد تطور باستخدام الطائرات الحديثة المخصصة للنقل، ويعتبر الأكثر رفاهية لنقل الركاب، وساعد على سرعة إيصال مواد الإغاثة والبريد مع إنشاء المطارات. وقد صاحب تطوير الطائرات من حيث السرعة والسعة إنشاء المطارات الحديثة الكبيرة، وتحسين خدماتها.

نقـل مائـي

النقل عبر المحيطات والبحار والبحيرات والممرات المائية الطبيعية والصناعية، وكذلك النقل بوساطة الأنهار والقنوات، وهو نقل رخيص ويناسب السلع الرخيصة وإن كان على حساب عامل السرعة، وقد تطور بعد تحسين وسائط التبريد لحماية السلع من التلف لطول الطريق والزمن.

نقـل نهـري

النقل بوساطة الأنهار الصالحة للملاحة، أو في الأجزاء الصالحة للملاحة من بعض المجاري النهرية. ويمتاز برخص كلفته، ولكن حمولة السفن النهرية تتوقف على مقدار غزارة وعمق مياه النهر، وقد قامت بعض الدول بشق قنوات ملاحية لتصل بين بعض الأنهار الصالحة للملاحة لتسهيل التنقل من نهر لآخر دون تغيير السفن ومن ثم من مساحة مائية إلى أخرى.

نمـط زراعة

شكل من أشكال الزراعة، ويتوقف كل شكل على كيفية الزراعة وأدواتها، وكيفية الري ومصادره، والغاية من الزراعة، ومساحة الوحدة الزراعية أي المزرعة. وتتفاوت أنماط الزراعة في العالم تفاوتاً ملحوظاً وبيّنا من زراعة مروية وأخرى بعلية أي مطرية، وإلى زراعة كفاف وزراعة تجارية وإلى زراعة محصولية وزراعة مختلطة وإلى زراعة كثيفة وزراعة واسعة. هذا

إضافة إلى أنماط تكاد تكون محصورة في مناطق محددة جداً من العالم كالزراعة المتنقلة (انظر الزراعة بعناوينها المختلفة).

نمو اقتصادي

الزيادة والتحسن في الدخل القومي للدولة نسبة للزيادة في عدد سكانها. ويحدث النمو نتيجة تحسن وسائل الإنتاج، وتنمية الفرد المنتج ومهاراته، وزيادة رأس المال ورسم الخطط الاقتصادية الناجحة والمناسبة للتنمية.

نمو السكان

تزايد عدد سكان منطقة أو إقليم أو دولة. ويتوقف الأمر على ثلاثة عناصر هي: معدل المواليد ومعدل الوفيات وصافي الهجرة. ويمكن صياغة ذلك بالشكل التالي:

النمو السكاني = (عدد المواليد - عدد الوفيات) + عدد المهاجرين المغادرين
- عدد المهاجرين القادمين

وتصاغ اختصاراً بالشكل التالي:

معدل النمو السكاني= معدل الزيادة الطبيعية ± معدل صافي الهجرة

نهـر

مجرى ماء عذب دائم، يجري في قناة طبيعية إلى بحيرة أو بحر مفتوح أو نهر آخر. وقد يتحول نهر في مناطق شبه جافة إلى سلسلة من البحيرات خلال الفصل الجاف من السنة ليعود إلى سيرته الأولى أثناء وعقب موسم هطول الأمطار. ومصادر الأنهار متعددة منها الينابيع والبحيرات وانصهار الثلوج وغيرها. (شكل 48).

نهـر آسـر

نهر قام بحت رأسي أكثر من غيره في منطقة أعالي النهر، ووسّع حوض تصريـفه، فاستحوذ على رافد أو جزء من نهر آخر، فتحولت إليه مياه هذا الجزء، ويدعي هذا الأمر أسر نهري.

نهــر جليـدي

ويدعى ثلاجة. وهو تجمع جليدي هائل ينحدر ببطئ في أودية من أعـلى منسـوب خط الثلج الدائم، يشبه في شكله اللسان، وهو عريض في بدايته وضيق عند نهايته، ويعود انحداره إلى فعل الجاذبية، ويخلف النهر الجليدي بعد انصهار الجليد ركـام جليـدي أو مورينات. وهناك نهر جليدي سفحي وهو نهر جليدي يتكون عند أسفل الجبـل باندماج الجليد المنحدر من عدة أنهار جليدية. (شكل 52).

نهــر عابـر

نهر لا ينبع أو يصب في أراضي دولة مـا، وإنمـا يمـر بأراضيهـا، مثـل دجلـة والفـرات بالنسبة لسوريا.

نهــر مأسـور

نهر أو رافد نهري تحولت مياهه إلى نهر آخر (نهر آسر).

نهر متخلف / مبتور

تسمية تطلق على الجزء المتخلف أي المتبقي مـن أنهـر تـم أسـره، أي احـتلال نهـر للمجرى الأعلى (منطقة المنابع) لنهر آخر بتوسيع حوض تصريفه على حسـاب نهـر آخـر. ويطلق نهر مبتور على نهر هبط مصبه فغمرته مياه البحر وتوغلت فيه.

نهر مرحلة شباب

أول مرحلة من عمر أي نهر. ويبدأ النهر فيها عمله كعامل حت أو تعرية، ويتصف النهر فيها بقصر طول روافده مع وجود أراضي منبسطة على حالها تفصل بين الأوديـة النهرية، وكثرة الشلالات والجنادل في المجرى، وضيق الأودية النهرية.

نهر مرحلة شيخوخة

آخر مراحل عمر النهر حيث يكوّن سهلاً تحاتياً نحتت معظم مناطقه المرتفعـة، ويتصف باتساع الوادي وبتكوين سهل فيضي في الجزء الأدنى، أي

منطقة المصب من حوض النهر، وقلة عدد الروافد بسبب ظاهرة الأسر النهري، وتعرّج المجرى لقلة الانحدار، وبتكوّن البحيرات الكوعية (البحيرات المنقطعة).

نهر مرحلة نضج

المرحلة الوسطى من عمر النهر. يتصف النهر فيها بطول روافده وعرضها عما كانت عليه في مرحلة الشباب بسبب الحت نحو المنابع والحت الجانبي، وتضيق المناطق الواقعة بين الروافد، ويبدأ تكوّن السهل الفيضي في منطقة المجرى الأدنى أي منطقة المصب. وتتقطع المرتفعات وتتحول إلى منحدرات، ويلاحظ في بعض المناطق أن بعض المجاري المائية في مناطق منابع الروافد تبقى بمرحلة الشباب.

نواة الأرض

وتسمى الكرة الباطنية الثقيلة، والنواة الداخلية السائلة، وجوف الأرض. وهي قلب الكرة الأرضية، وتشكل ما تحت القشرة الصخرية الخارجية، ويرجح تكونها من الحديد والنيكل، ويوجدان بحالة سائلة في الجزء الخارجي من النواة وبشكل صلب في البؤرة بسبب شدة الضغط الواقع عليها.

النيجر (نهر)

نهر يجري في غرب أفريقيا ويصب في المحيط الأطلسي، طوله 4160 كم وهو بذلك ثالث أنهار أفريقيا بعد النيل والكونغو، ومساحة حوض تصريفه 2.092.720 كم^2. ويعني اسمه بلغة محلية "ماء متدفق" أو "نهر بين الأنهار".

نيزك

جرم سماوي يتكون من النيكل والحديد أو السليكا، يدخل من الفضاء الخارجي إلى الغلاف الجوي للأرض، فيشتعل بفعل الاحتكاك وتتم مشاهدته، ويسقط على الأرض بشكل كتلة صلبة كبيرة الحجم قد تخلف حفرة أو فوهة على سطح الأرض، ويتحرك النيزك بسرعة تصل 80 كم/ثانية، ويتوهج عندما يصبح على بعد يتراوح بين 80-160 كم من سطح الأرض.

النيل (نهر)

أطور أنهار العالم (6670 كم) ومساحة حوض تصريفه 2,802,380 كم^2، يجري في شمال شرق أفريقيا وينبع من هضبة البحيرات ويصب في البحر المتوسط شمالاً، ينبع رافده النيل الأزرق من بحيرة تانا في أثيوبيا، ويلتقي بالنيل الأبيض القادم من بحيرة فكتوريا عند الخرطوم العاصمة السودانية. ومن أهم السدود المقامة عليه السد العالي، وسد أسوان (مصر)، وسد جبل الأولياء وسد سنار (السودان). ويحتمل أن يكون مصدر اسمه لفظ سامي - حامي يعني" نهر"، وقيل: من جذر سامي يعني وادي أو وادي نهري.

حرف الهاء

الهادي (المحيط)

أسماه المكتشف البرتغالي ماجلان باسم " البحر الهادي " لهدوء مياهه عندما أبحر من أقصى جنوب أمريكا الجنوبية إلى الفلبين عام 1513، وهو أكبر المحيطات مساحة (نحو 166 مليون كم^2) وبذلك يغطي نحو ثلث مساحة سطح الكرة الأرضية ويفصل بين قارة آسيا وأستراليا عن الأمريكتين، ويمتد بين بحر بيرنغ في الشمال والقارة القطبية الجنوبية (انتاركتيكا) في الجنوب، ويبلغ أقصى عمق له 10.924 متر في خانق ماريانا. ويتصل به عدد من البحار المفتوحة كبحر الصين وبحر المرجان، وتكثر الجزر فيه، كما تكثر الزلازل والأنشطة البركانية على سواحله. (شكل 49).

هاريكيــن

اسم الأعاصير المدارية في جزر الهند الغربية، وخليج المكسيك والبحر الكاريبي وهو اسم اله العواصف لدى قبائل الكاريب أو قبائل المايا، وتحدث هذه الأعاصير في فترة شهري آب وأيلول، وتتصف بسرعة الرياح التي قد تتجاوز 160 كم/ساعة، وبهطول أمطار غزيرة، وحدوث العواصف الرعدية، كما تطلق تسمية هاريكين على أي رياح تزيد سرعتها عن 116 كم/ساعة وتسجل بالدرجة 12 أو أكثر على مقياس بوفورت للرياح.

هبوب (رياح)

رياح محلية حارة، وهي رياح جنوبية تهب على أواسط وشمال السودان في فصل الصيف وبين شهري أيار (مايو) وأيلول (سبتمبر) وقد تحدث في أي وقت من السنة، وتهب عادة بعد الظهر وفي المساء، ويندر هبوبها في الصباح. ويصحبها عواصف غبارية تحد من مدى الرؤية، وغالباً ما يعقبها أمطار غزيرة وعواصف رعدية. واسمها عربي حيث تعني الهبوبة: الرياح التي تثير الغبرة.

هجـــرة

انتقال الفرد من مكان إلى آخر بقصد الإقامة الدائمة أو المؤقتة، ومنها الهجرة الخارجية (الدولية) إلى دولة أخرى، والداخلية من منطقة إلى أخرى داخل حدود الدولة، ومنها الطوعية والقسرية. ومعدلات الهجرة هي:

$$\text{معدل الهجرة الوافدة} = \frac{\text{عدد المهاجرين إلى المنطقة أو الدولة}}{\text{عدد سكان المنطقة أو الدولة}} \times 1000$$

$$\text{معدل الهجرة المغادرة} = \frac{\text{عدد المهاجرين من المنطقة أو الدولة}}{\text{عدد سكان المنطقة أو الدولة}} \times 1000$$

$$\text{معدل الهجرة الصافية} = \frac{\text{عدد المهاجرين إلى المنطقة أو الدولة - عدد المهاجرين من المنطقة أو الدولة}}{\text{جملة عدد سكان المنطقة أو الدولة}} \times 1000$$

$$\text{معدل الهجرة الكلية} = \frac{\text{عدد المهاجرين إلى المنطقة أو الدولة + عدد المهاجرين من المنطقة أو الدولة}}{\text{جملة عدد سكان المنطقة أو الدولة}} \times 1000$$

هجرة حديثة

الهجرة التي حدثت في فترة الكشوف الجغرافية وما تلاها، وكانت إلى العالم الجديد أي إلى الأمريكتين وأستراليا، كما تعتبر تجارة الرقيق ونقله من غرب أفريقيا إلى الولايات المتحدة منها. وسميت بالهجرة الحديثة مقارنة بالهجرات القديمة والأولى للإنسان.

هجرة خارجية / دولية

انتقال الفرد من بلاده إلى دولة أخرى بقصد الإقامة، وغالباً تكون بهدف العمل، ومن مزايا هذا النوع من الهجرة على البلد التي خرج منها المهاجر التحويلات المالية التي يرسلها المهاجر إلى بلده، وخفض معدل البطالة فيها، أي

ترك فرص العمل لمن بقي فيها، ومن سلبياتها خسارة الدولة التي خرج منها المهاجر لطاقة الشباب حيث أن جلّ المهاجرين هم من الشباب وصغار السن، وكذلك خسارة الدولة للكفاءات والخبرات العلمية والعملية لهم.

هجرة داخلية

انتقال الفرد من منطقة إلى أخرى في بلاده، ومنها الانتقال من الريف والبادية إلى المدينة، أو من قسم إداري إلى قسم آخر، وبذلك يتغير مكان إقامته ضمن دولته. وقد توجد بعض المزايا لهذا النوع من الهجرة إلا أن سلبياته تفوق إيجابياته، وأهمها الضغط على الخدمات في المدينة، والإخلال بالبنية السكانية لمناطق الدولة، وتفشي البطالة في المدينة، وفقدان اليد العاملة في الزراعة وتربية الحيوان.

هجرة طوعية / اختيارية

انتقال الفرد في أياً كانت الهجرة بمحض اختياره ودون إكراه على الانتقال لأي سبب كان.

هجرة قديمة

الهجرات التي تمت في عصور غابرة كالهجرات السامية من شبه جزيرة العرب إلى الهلال الخصيب، وهجرة عناصر من آسيا إلى أمريكا الشمالية وعرفت باسم الهنود الحمر، وكانت الهجرات القديمة اما للبحث عن مراعي أو تحت ضغط جماعات أقوى.

هجرة قسرية

انتقال الفرد أياً كانت الهجرة، تحت ضغط حكومات أو جيوش، كحروب أو تطهير عرقي أو نتيجة كوارث طبيعية كالزلازل والبراكين.

هجرة كفاءات

انتقال حملة الشهادات العلمية والخبرات الكبيرة من بلادهم إلى دول أخرى، أي بحثاً عن فرصة عمل لم تتوفر لهم في بلادهم، أو سعياً للحصول على مورد مالي أفضل، كما يمكن اعتبار عدم عودة من حصل على شهادة

علمية متخصصة أو خبرة كبيرة في مجال معين خارج الوطن هجرة كفاءات. وفي ذلك خسارة للوطن وإن كان لها بعض المردود المادي من تحويلات مالية إلى الوطن.

هجرة معاكسة

عـودة المهـاجرون إلى المنـاطق التي غادروهـا في البدايـة، أي إلى مـواطنهم الأصلية، ويمكـن تسميتها بهجرة العـودة، وتحـدث هـذه الهجـرة عـادة بعد انتهاء أسباب الهجـرة مـن تحسـن للوضـع الاقتصادي أو السياسي في بلادهـم التي خرجوا منهـا، وقـد تكـون هجـرة العـودة قـد حـدثت نتيجـة لأحـداث وقعـت في المهجـر كالاضطهاد وما نحوه.

هدسن (خليج)

خليج وبحـر داخـلي في شـمال شرق كنـدا، يصله مضيق بـنفس الاسـم بالمحيط الأطلسي، مساحته 1,232,300 كم^2، يحمل اسم المكتشف الإنجليزي هنـري هدسن الـذي كشف المنطقة عام 1610. (شكل 49).

هـرم سكاني

رسم بيـاني يبين توزع السكان للدولة أو منطقة ما في فـترة محـددة، أو وفق تعداد معين بهدف تبيان حالتهم العمرية والنوعية (الجنسية). (شكل 33).

هرمطان / هرمتان (رياح)

ريـاح محليـة حـارة، وهي ريـاح شرقية وشـمالية شرقية، تهب من الصحراء الكبرى على غرب أفريقيا في فصلي الشتاء والربيع وفي الصيف أحيانـاً، وتتميز بشدة الجفـاف والحرارة وتكون مصحوبة بالغبار والرمال، فتسبب خسائر فادحة في المحاصيل وتؤثر علـى زراعـة القطن في المنطقة. ويعني اسمها بلغة محلية "الطبيب الطيب".(شكل 17).

هضبة

أرض مرتفعة ذات سطح مستو أو شبه مستو، وبذلك تختلف عن الجبل، وينحدر أحد جوانبها أو أكثر بشدة، ويطلق عليها هضبة مقطّعة حين تتخللها أودية عميقة وخوانق، ومن الهضاب ما هو هائل المساحة كهضبة التبت في آسيا ومنها ما هو دون ذلك كهضبة الجولان السورية. (شكل 15، شكل 52).

هكتار

وحدة مساحة مترية تساوي 10000 متر مربع أي 10 دونمات، ويساوي الهكتار 2.47106 فدان إنجليزي (إيكر).

الهلال الخصيب

مصطلح وضعه عالم الآثار المستشرق الأمريكي جيمس بريستد (1851-1935) وقصد به الأراضي الخصبة من المنطقة الممتدة من مصرـ إلى العراق، وتتخذ شكل الهلال. وبذلك يشمل سوريا ولبنان وفلسطين وأجزاء من الأردن وجنوب العراق حتى الخليج العربي، وهي منطقة كانت مهداً للحضارات الكنعانية والأشورية والسومرية والفنيقية والبابلية وغيرها.

الهند الصينية

شبه جزيرة في جنوب شرق آسيا. تضم الدول التالية: ميانمار (بورما سابقا) وتايلاند ولاوس وفيتنام وكمبوديا. وقد أطلقت التسمية تاريخياً على المنطقة التي كانت تحكمها فرنسا، وتضم: لاوس وكمبوديا وفيتنام في الفترة 1862-1954. والتي عرفت باسم الهند الصينية الفرنسية أي الجزء الشرقي من شبه الجزيرة آنفة الذكر. وجاء مسمى الهند الصينية من وقوع شبه الجزيرة إلى الجنوب من الصين والشرق من الهند.

هندكوش (جبال)

سلسلة جبلية في وسط آسيا. امتداد لجبال الهيمالايا على الجانب الغربي لنهر السند، تمتد نحو 800كم، ويبلغ أقصىـ ارتفاع لها 7690م في باكستان، ويقع فيها ممر خيبر الشهير بدوره في الفتوحات والهجرات وطوله 53كم.

الهندي (المحيط)

سمي بهذا الاسم لوقوعه جنوب شبه القارة الهندية، حيث يمتد بين ساحل شرق أفريقيا غرباً وحتى جزر الهند الشرقية وقارة أستراليا شرقاً. وهو ثالث محيطات العالم مساحة (نحو 66 مليون كم²)، ويصل عمقه إلى 7725 متراً في خانق جاوة/أندونيسيا. ومن جزره سريلانكا ومدغشقر وسيشل والمالديف وجزر أندمان ونيكوبار. ويتصل ببعض البحار كالبحر الأحمر وخليج عدن والبحر العربي وخليج البنغال، وتكثر فيه الجزر المرجانية والبركانية. (شكل 49).

هـــور

ويسمى سبخة. أرض لينة رطبة، منخفضة المنسوب، قد تكون مغورة كلياً أو جزئياً بالماء، وتنمو فيها نباتات، تصبح أرضاً زراعية خصبة بعد تجفيفها من الماء.

هيجروميتر / مقياس الرطوبة

يوجد عدة أنواع من الأجهزة التي تقيس نسبة الرطوبة في الجو منها: المقياس المعلق المسمى "بسيكروميتر"، ويوجد فيها ميزان حرارة جاف وآخر مبلل (رطب) وبناء على الفرق بين قراءة كل منهما يتم حساب نسبة الرطوبة، وهناك المقياس الشعري ويتألف من حزمة من شعر الإنسان أو الخيل، وتبعاً لمقدار تمددها يشار إلى نسبة الرطوبة بمؤشر أو قلم.

هيمالايا (جبال)

جبال في وسط قارة آسيا يحتمل أن يكون اسمها من اللغة السنسكريتية حيث يعني المقطع "هي" ثلوج ويعني المقطع "آلايا" مسكن أو مقر، ويقال: أن الاسم مشتق من اسم آلهة يعني اسمها سيدة الجبال البيضاء. وتمتد الجبال نحو 2400 كم وتغطي معظم دولة نيبال ومنطقة سيكيم ودولة بوتان وتشكل جزء من حدود شبه القارة الهندية. وهي سلسلة متوازية من الجبال، وفيها أعلى قمم العالم "ايفرست" وارتفاعها 8850 متراً وتليها قمة ك²/ 8611م.

حرف الواو

وادي

مساحة ممتدة من الأرض تنحصر بين انحدارين متقاربين عند قاعدتيهما، وقد يجري نهر وما نحوه في الوادي بشكل دائم أو موسمي، ويمكن أن تطلق تسمية الـوادي على أي مجرى غير دائم الجريان. (شكل 52).

وادي إذابـة

واد ينشأ بعد اتصال حفر الإذابة مع بعضها بعد أن توسعت، وهو واد جاف إذ لا تجري فيه المياه إلا وقت وعقب هطول الأمطار.

وادي غائـر

واد جاف لا تجري فيه المياه إلا وقت وعقب هطول الأمطار. ويتكون الوادي الغائر بسبب تجمع الماء في حفر الإذابة، مما يـؤدي إلى إذابة المزيد مـن الصخور الكلسية (الجيرية) ويتحول جريان الماء مـن جريـان سطحي إلى جريان جوفي، ويدعي الـوادي عندها واد غائر، وقد ينكشف جزء من الوادي الغائر بعد انهيار جزء مـن سقفه بسبب ضعف الصخور الكلسية أو زيادة تآكل الصخر.

وادي نهـري

مساحة ممتدة من الأرض حفرتها أنهار خلال فترة زمنية طويلة، يمـر خلالها النهر بمرحلة الشباب حيث يمتاز الوادي بضيقه وشدة انحدار جوانبه، فالنضج حيث يتسع فيها الوادي ويقل انحدار جوانبه، فالشيخوخة حيث يصبح الـوادي عظيم الاتسـاع وجوانبه قليلة الانحدار. وغالباً ينتهي النهر إلى بحيرة أو بحر أو محيط. (شكل 21).

واردات

البضائع والسلع الأجنبية التي تجلبها الدولة من خلال التجارة، ومنها واردات غـير منظورة كالخدمات والتأمين.

وحـدة جغرافيـة

تشـابه دولـة أو عـدة دول متجـاورة في أحوالها وأوضـاعها التضاريسـية والمناخيـة والنباتية والسكانية، وينعكس هذا الأمر إيجاباً على إمكانية توحيد الدول في دول واحدة، أو في تنسيق سياساتها الاقتصادية والسياسية ورسمها معاً بهدف الوحدة في مرحلة لاحقة.

وحدة سياسية (دولة)

مساحة من اليابسة بما فيها المساحات المائية - إن وجدت - ولهـا أنظمـة سياسـية واقتصادية واجتماعية تحكمها وتنظم شؤونها، ولا بد من توفر عناصر أساسية لكل وحـدة سياسية:

- الأرض والسيادة عليها وفق حدود دولية سياسية معروفة ومحددة.
- السكان وهم الشعب.
- حكومة وأنظمة وقوانين تنظم شؤونها.

وتتفاوت الوحدات السياسية في العالم في مساحاتها وأبعادها وعدد سكانها وطريقـة حكمهـا وإدارة شؤونها، كما تتفاوت في موارد الثروة الاقتصادية وتوزيع هذه الثروة.

وظائف العاصمة / المدينة

الأدوار التي تقوم وتلعب بها المدينة في الدولـة أو المنطقـة، وتختلـف الوظائـف وتتنوع فمنها الوظيفة التجارية والسياسية والصناعية والترفيهية والثقافية، وتقوم المدينـة عادة بأكثر من وظيفة فالوظيفة السياسية هي للعاصمة عـادة، وتتحـدد وظيفـة المدينـة وفق تاريخها وموقعها ومواردها.

وظيفـة مكانية للمدينة

الدور المخصص للمدينـة في مكان معين، كالوظيفـة الدينيـة لمكـة المكرمـة والمدينـة المنورة والقدس الشريف والنجف الأشرف وكربلاء، والوظيفـة الصـناعية لمـدن قامـت عنـد مناطق إنتاج المواد الخام أو القوى المحركة أو الأسواق وغير ذلك.

وعي سياحي / ثقافة سياحية

الفهم المتبادل بين السياح الذين يفدون للدولة من بلاد قد تختلف سياسياً واجتماعياً واقتصادياً وحضارياً من جهة، وبين المواطنين والمسؤولين في البلد الذي يستضيفهم من جهة أخرى، ويشمل هذا الفهم إدراك سبب الزيارة وأهمية المعاملة المناسبة وتعريفهم بقيم وتراث البلد، ومن ثم رسم سياسات تقوم على تشجيع السياحة لما لها من دور اقتصادي وإعلامي للدولة.

وكالة الطاقة الدولية

منظمة عالمية مركزها باريس، تأسست في 1974/11/15 وتضم في عضويتها 27 دولة (عام 2006)، وتهدف إلى تعزيز وتشجيع التعاون في مجالات الطاقة خاصة النفط بين الدول المنتجة والدول المستهلكة.

وكالة الطاقة النووية

منظمة عالمية مركزها فرنسا تأسست في 1958/2/1، وتضم في عضويتها 28 دولة (عام 2006) وتهدف إلى تعزيز الاستخدام السلمي للطاقة النووية.

ويلي ويلي

اسم محلي للإعصار المداري في منطقة مياه شمال غرب أستراليا والمحيط الهندي جنوب خط الاستواء، ويكثر حدوثه في أواخر الصيف على وجه الخصوص.

حرف الياء

اليابان (بحر)

بحر يفصل اليابان عن قارة آسيا، وتطل كوريا الشمالية والجنوبية على هذا البحر، ومساحته نحو 1,007,000 كم^2. (شكل 49).

يابسة

أي جزء صلب من سطح الأرض، وعكسه الماء (البحر والمحيط). وتقدر مساحة اليابسة بنحو 144,485,000 كم^2 مقابل مساحة الماء المقدرة بنحو 365,395,000 كم^2، مع اعتبار أن القارة القطبية الجنوبية (انتاركتيكا) أرضاً وإن كانت مغطاة بالجليد الدائم.

يانغتسي (نهر)

ويسمى أيضاً شانغ يانغ. أطول أنهار الصين ورابع أنهار العالم (5797 كم) مساحة حوض تصريفه 1,9452,500 كم^2، ومعدل تصريفه 32,196 م^3/ثانية يصب في بحر الصين الشرقي/ المحيط الهادي، يسبب فيضانه كوارث كبيرة. يعني اسمه باللغة الصينية "النهر الطويل".

يد عاملة

العاملون والقادرون على العمل في مجال معين. ومنهم من يمتلك خبرة ومهارة في عمله ويسمى يد عاملة مدربة أو مؤهلة، ومن اليد العاملة من لا يمتلك سوى قدرته البدنية، وقد لا يتطلب عمله سوى قدرته الجسدية بإشراف من آخرين.

ينبوع

خروج الماء وتدفقه بشكل دائم أو منقطع من القشرة الأرضية بصورة طبيعية دون ضخ صناعي، ومصدر المياه هي مياه الأمطار المتسربة إلى القشرة الأرضية والمياه الجوفية.

ينبوع حار

فتحة طبيعية أو أكثر في القشرة الأرضية، تخرج منها مياه ساخنة عبر شقوق وفواصل، ومنها مياه معدنية عذبة وقد تكون غنية ببعض المعادن

كالكلور، ومنها مياه كبريتية حارة وفيها نسبة من الكبريت، وهي ذات فوائد علاجية، وتعود حرارة الينابيع إلى انتقال الحرارة من مصهورات البراكين المجاورة للمياه الجوفية، ولها قدرة على إذابة بعض المعادن، وتقوم بإرسابها بعد خروجها من باطن الأرض، كما توجد مياه حارة تعود سخونة مياهها إلى قرب مصادرها لحرارة الأرض الباطنية.

ينبوع معدني

فتحة طبيعية أو أكثر في القشرة الأرضية تخرج منها مياه تحوي على نسبة كبيرة من الأملاح المعدنية، ويضاف لاسم الينبوع عادة اسم نوع المعدن الذي تحويه مياهه كالكبريت مثلاً.

يوم شمسي

الزمن الذي تقطعه الأرض في دورانها حول محورها وهي تدور في الوقت نفسه حول الشمس، وهو الزمن الذي تستغرقه أشعة الشمس لتتعامد مرتين متتاليتين على خط عرض معين.

يوم كوكبي

الزمن اللازم لإتمام الكوكب السيار دورة حول نفسه، ومنها طول يوم كوكب الأرض.

يوم نجمي

الزمن اللازم لإتمام نجم دورة كاملة في رحلته الظاهرية حول النجم القطبي، وهو 23 ساعة و 56 دقيقة و 4.09 ثواني. ويمثل هذا الزمن دورة الأرض حول محورها، وبذلك يقل طول اليوم النجمي نحو 4 دقائق عن اليوم الشمسي.

يونسكو

كلمة تتألف من الحروف الأولى باللغة الإنجليزية لمنظمة الأمم المتحدة للتربية والعلوم والثقافة، ويبدو من اسمها مجال تخصصها واهتماماتها.

الملاحق

ملحق رقم (1)

دول العالم

قارة آسيا-عدد الدول 45					
الدولة	العاصمة	المساحة/كم2	عدد السكان 2006 تقدير (مليون)	العملة	الدخل القومي للفرد دولار لسنة 2005
المملكة الأردنية الهاشمية	عمّان	89,287	5.6	دينار	5280
جمهورية افغانستان الدمقراطية	كابل	652,225	31.1	أفغاني	
الإمارات العربية المتحدة	أبو ظبي	75,150	4.9	درهم	24090
جمهورية اندونيسيا	جاكارتا	1,919,445	225.5	روبية	3720
جمهورية أوزبكستان	طشقند	447,400	26.2	سوم	2020
جمهورية إيران الإسلامية	طهران	1,648,000	70.3	ريال	8050
جمهورية بابوانيوغينا	بورت مورسبي	462,840	6.00	كينا	2370
جمهورية باكستان الإسلامية	إسلام أباد	803,940	165.8	روبية	2350
مملكة البحرين	المنامة	661	0. 7	دينار	21290
سلطنة بروناي	بندرسري بجاوان	5, 756	0.4	دولار	-
جمهورية بنغلادش الشعبية	دكا	143,999	146.6	تاكا	2090
مملكة بوتان	ثيمفو	46,620	-	نغولتروم	-
مملكة تايلاند	كرونغ تيب (بانكوك)	514, 000	65. 2	باهت	8440
جمهورية تُركمستان	عشق اباد	488,100	5.3	مانات	-
الجمهورية التركية	أنقرة	779, 450	73.7	ليرة	8420
تيمور ليشتي	دلي	15.007	1	دولار	-
الجمهورية الروسية	موسكو	17,078,000	142.3	روبل	10640
جمهورية سريلانكا الدمقراطية الشعبية	كولومبو	65,610	19.9	روبية	4520
المملكة العربية السعودية	الرياض	2,400, 900	24.1	ريال	14740
جمهورية سنغافورة	سنغافورة	616	4.5	دولار	29780
الجمهورية العربية السورية	دمشق	185,680	-	ليرة	4454
جمهورية الصين (تايوان)	تايبه	35, 990	22.8	دولار	-
جمهورية الصين (الشعبية)	بكين	9,579,000	1311.4	يوان	6600
جمهورية طجكستان	دوشمبيه	143,100	7.6	سوموني	1260
جمهورية العراق	بغداد	438,445	29.6	دينار	-

قارة آسيا-عدد الدول 45					
الدولة	العاصمة	المساحة/كم2	عدد السكان 2006 تقدير (مليون)	العملة	الدخل القومي للفرد دولار لسنة 2005
سلطنة عمان	مسقط	271,950	6.2	ريال	14680
جمهورية الفلبين	مانيلا	300,000	86.3	بيزو	5300
فلسطين	القدس	-	-	-	-
جمهورية فيتنام الاشتراكية	هانُوي	329,565	84.2	دونغ	3010
دولة قطر	الدوحة	11,435	0.8	ريال	-
جمهورية كازاخستان	استانا	2,717,300	15.3	تنغي	7730
جمهورية كمبوشيا (كمبوديا)	بنُوم بنه	181,000	14.1	ريل	2240
جمهورية كوريا الجنوبية	سيؤل	98,445	48.5	وون	21850
جمهورية كوريا الديمقراطية الشعبية	بيونغ يانغ	122,310	23.1	وون	-
دولة الكويت	الكويت	24,280	2.7	دينار	24010
جمهورية كيرغيزستان	بِشكيك	198,500	5.2	سوم	1870
جمهورية لاوس الديموقراطية الشعبية	فينتيان	236,725	6.1	كيب جديد	2020
الجمهورية اللبنانية	بيروت	10,400	3.9	ليرة	5740
جمهورية المالديف	مالي	298	0.3	روبية	-
اتحاد ماليزيا	كوالالمبور	332,965	26.9	رينغيت	10320
جمهورية منغوليا	أولان باتور	1,565,000	2.6	توغريك	2190
جمهورية اتحاد ميانمار (بورما)	يانغون	678,030	51	كيات	-
مملكة نيبال	كاتمندو	141,415	26	روبية	1530
جمهورية الهند	نيودلهي	.3,166,830	1121.8	روبية	3460
اليابان	طوكيو	36,700	127.8	ين	31410
الجمهورية اليمنية	صنعاء	481,155	21.6	ريال	920

* (-) المعلومات غير متوفرة

قارة أفريقيا-عدد الدول 53					
الدولة	العاصمة	المساحة/كم2	عدد السكان تقدير 2006 (مليون)	العملة	الدخل القومي للفرد دولار لسنة 2005
جمهورية أثيوبيا	أديس أبابا	1,104,300	74.8	بير	1000
جمهورية إرتيريا	أسمره	117,600	4.6	نكفا	1010
جمهورية إفريقيا الوسطى	بانغوي	624,975	4.3	فرنك وسط أفريقيا	1140
جمهورية أنغولا	لواندا	1.246,700	15.8	كوانزا	2210
جمهورية أوغندا	كمبالا	236,580	27.7	شلن	1500
جمهورية بتسوآنا	غابورون	600,372	1.8	بولا	10250
جمهورية بنين الشعبية	بورتو نوفو	112,620	8.7	فرنك وسط أفريقيا	1110
جمهورية بوركينا فاسو الديمقراطية الشعبية	أواغادوغو	274,200	13.6	فرنك وسط أفريقيا	1220
جمهورية بوروندي	بوجومبورا	27, 834	7.8	فرنك	640
جمهورية تشاد	إنجامينا	1,284,000	10	فرنك وسط افريقيا	1470
جمهورية تنزانيا المتحدة	دودوما	939,760	37.9	شلن	730
جمهورية توغو	لومي	56,785	6.3	فرنك وسط أفريقيا	1550
الجمهورية التونسية	تونس	164,150	10.1	دينار	7900
الجمهورية الجزائرية الديمقراطية الشعبية	الجزائر	2,381,745	33.5	دينار	4440
جمهورية جنوب أفريقيا	بريتوريا وكيب تاون	1,184,825	47.3	راند	12120
جمهورية جيبوتي	جيبوتي	23,000	0.8	فرنك	2240
جمهورية رواندا	كيغالي	26,330	9. 1	فرنك	1320
جمهورية زامبيا	لوساكا	752,615	11.9	كواشا	950
جمهورية زمبابوي	هراري	390,310	13.1	دولار	1940
جمهورية ساحل العاج (كوت ديفوار)	ياموسوكرو	322,465	19.7	فرنك وسط أفريقيا	1490
جمهورية ساوتومي وبرنسيب الديموقراطية	ساوتومي	964	0.2	دوبرا	-
جمهورية السنغال	داكار	196,720	11.9	فرنك وسط افريقيا	1770
مملكة سوازيلاند	مباباني	17,365	1.1	لينغني	5190
جمهورية السودان	الخرطوم	2,505,815	41.2	دينار	2000
جمهورية سيراليون	فريتاون	72,325	5.7	ليون	780
جمهورية سيشل	فكتوريا	404	0.1	روبية	15940
جمهورية الصومال الديمقراطية	مقديشو	630,000	8.9	شلن	-
جمهورية الغابون	ليبرفيل	267,667	1.4	فرنك وسط أفريقيا	5890

قارة أفريقيا-عدد الدول 53

الدولة	العاصمة	المساحة/كم2	عدد السكان تقدير 2006 (مليون)	العملة	الدخل القومي للفرد دولار لسنة 2005
جمهورية غامبيا	بانجل	10,960	1.5	دالاسي	1920
جمهورية غانا	أكرا	238,305	22.6	سيدي	2370
جمهورية غينيا	كوناكري	245,855	9.8	فرنك	2240
جمهورية غينيا الاستوائية	مالابو	28,050	0.5	فرنك وسط أفريقيا	7580
جمهورية غينيا بيساو	بيساو	36,125	1.4	فرنك وسط أفريقيا	700
جمهورية اتحاد جزر القمر الإسلامية	موروني	1,860	0.7	فرنك	2000
جمهورية الكاميرون	ياوندي	475,500	17.3	فرنك وسط أفريقيا	2150
جمهورية الكونغو	برازافيل	342,000	3.7	فرنك	810
جمهورية الكونغو الديمقراطية	كنشاسا	2,345,410	62.7	فرنك	720
جمهورية كينيا	نيروبي	582,645	34.7	شلن	1170
جمهورية كيب فيرد	برايا	4,035	0.5	اسكودو	6000
الجماهيرية العربية الليبية الشعبية الاشتراكية	طرابلس	1,759,540	5.9	دينار	-
جمهورية ليبريا	مونروفيا	111.370	3.4	دولار	-
مملكة ليسوتو	ماسيرو	30,345	1. 8	مالوتي	3410
جمهورية مالآوي	ليلونغوي	94,080	12.8	كواشا	650
جمهورية مالي	باماكو	1,240,140	13.9	فرنك وسط أفريقيا	1000
جمهورية مدغشقر الديمقراطية	أنتانا ناريفو	594,180	17.8	فرنك	880
جمهورية مصر العربية	القاهرة	1,000,250	75.4	جنيه	4440
المملكة المغربية	الرباط	446,550	31.7	درهم	4360
الجمهورية الإسلامية العربية الإفريقية الموريتانية	إنواكشوط	1,030,700	3.2	أوقية	2150
دولة موريشيوس	بورت لويس	1,865	1.3	روبية	12450
جمهورية موزامبيق	مابوتو	784,755	19.9	متيكال	1170
جمهورية ناميبيا	وندهُوك	824,295	2.1	دولار	7910
جمهورية النيجر	نيامي	1,186,410	14.4	فرنك وسط أفريقيا	800
جمهورية نيجيريا الاتحادية	أبوجا	923,850	134.5	نايرا	1040

قارة أوروبا-عدد الدول 46

الدولة	العاصمة	المساحة/كم2	عدد السكان تقدير 2006 (مليون)	العملة	الدخل القومي للفرد دولار لسنة 2005
جمهورية أذربيجان	باكو	85,600	8.5	منات	4890
جمهورية أرمينيا	يريفان	29,800	3	درام	5060
مملكة أسبانيا	مدريد	504,880	45.5	يورو	25820
جمهورية استونيا	تالين	45,100	1.3	كرون	15420
جمهورية البانيا	تيرانا	28,750	3.2	لك	5420
جمهورية ألمانيا	برلين	357,868	82.4	يورو	29210
إمارة اندورا	أندورا لافيلا	465	0.1	يورو	-
جمهورية أوكرانيا	كييف	603,700	46.8	هرفنا	6720
جمهورية إيرلندا	دبلن	68,895	4.2	يورو	34720
جمهورية أيسلندا	ريكيافيك	102,820	0.3	كرونا	34760
جمهورية إيطاليا	روما	301,245	59	يورو	28840
جمهورية البرتغال	ليسبوا (لشبونه)	88,940	10.6	يورو	19730
المملكة المتحدة لبريطانيا العظمى وشمال إيرلندا	لندن	244,755	60.5	جنيه إسترليني	32690
مملكة بلجيكا	بروكسل	30,519	10.5	يورو	32640
جمهورية بلغاريا	صوفيا	110,910	7.7	ليف	8630
جمهورية البوسنة والهرسك	سراييفو	51,130	3. 9	ماركا	7790
جمهورية بُولندا	وارسو	312,685	38.1	زلوتي	13490
جمهورية					
جمهورية التشيك	براغ	78,863	10.3	كورونا	20140
مملكة الدنمارك	كوبنهاغن	43,075	5.4	كرون	33570
جمهورية روسيا البيضاء (بيلاروس)	مينسك	208,000	9.7	روبل	7890
جمهورية رومانيا	بوخارست	237,500	21.6	لي	8940
جمهورية سان مارينو	سان مارينو	61	.03	يورو	-
جمهورية سلوفاكيا	براتسلافا	490,36	5.4	كورونا	15760
جمهورية سلوفينيا	لوبلينا	20,250	2	يورو	22160
مملكة السويد	ستوكهولم	449,790	9.1	كرونا	31420
جمهورية صربيا	بلغراد	88.361	9.5	دينار	-
الاتحاد السويسري	بيرن	41,285	7.5	فرنك	37080
دولة مدينة الفاتيكان	الفاتيكان	0,44	880	ليرا	-
صربيا	بلغراد	88.361	9.5	دينار	-
جمهورية فرنسا	باريس	543,965	61.2	يورو	30540

قارة أوروبا-عدد الدول 46

الدولة	العاصمة	المساحة/كم2	عدد السكان تقدير 2006 (مليون)	العملة	الدخل القومي للفرد دولار لسنة 2005
جمهورية فنلندا	هلسنكي	337,030	5. 3	يورو	31170
جمهورية قبرص	نيقوسيا	9,250	1	جنيه	22230
جمهورية كرواتيا	زغرب	56,540	4.4	كونا	12750
جمهورية لاتفيا	ريغا	63,700	2.3	رويل	13480
دوقية لوكسمبورغ الكبرى	لوكسمبورغ	2,585	0.5	فرنك	65340
جمهورية ليتوانيا	فلنيوس	65,200	3.4	لتس	14220
إمارة ليشتنشتاين	فادوز	160	0.04	فرنك سويسري	29210
جمهورية مالطا	فاليتا	316	0.4	ليرا	18960
مقدونيا	سكوبي	25,713	2	دينار	7080
جمهورية مولدوفا	كيشنوف	33,700	4	روبل	2150
إمارة موناكو	موناكو فيلا	2	0.03	يورو	-
مملكة النرويج	أوسلو	323,895	4.7	كرون	40420
جمهورية النمسا	فيينا	83,855	8.3	يورو	33140
جمهورية هنغاريا	بودابست	93,030	10.1	فورنت	16940
مملكة هولندا	أمستردام	41,160	16. 4	يورو	32480
الجبل الأسود (مونتنيجرو)	بودجريكا	13,812	0.6	يورو	-
جمهورية اليونان	أثينا	131,985	11.1	دراخما	23620

قارة أمريكا الشمالية-عدد الدول 2

الدولة	العاصمة	المساحة/كم2	عدد السكان تقدير 2006 (مليون)	العملة	الدخل القومي للفرد دولار لسنة 2005
الولايات المتحدة الامريكية	واشنطنD.C	9,363,130	299.1	دولار	41950
كندا	أوتاوا	9,970,610	32.6	دولار	32220

قارة أمريكا الجنوبية والوسطى-عدد الدول33

الدولة	العاصمة	المساحة/كم2	عدد السكان تقدير 2006 (مليون)	العملة	الدخل القومي للفرد دولار لسنة 2005
جمهورية الأرجنتين	بُوينس أيرس	2,777,815	39	بيزو	13940
جمهورية إكوادور	كيتو	270,670	13.3	دولار أمريكي	4070
أنتيغواوباربودا	سانت جونز	442	0.1	دولار شرق الكاريبي	11700
جمهورية أروغواي	مونتيفيديو	186.925	3.3	بيزو	9810
جمهورية باراغواي	أسنسيون	406,750	6.3	غوراني	4970
جمهورية البرازيل الاتحادية	برازيليا	8,511,965	186.8	ريل	8230
بربادوس	بريدجتاون	430	0.3	دولار	4,959
جمهورية بنما	بنما	78,515	3.3	دولار أمريكي	7310
كومنولث البهاما	ناساو	13,864	0.3	دولار	-
جمهورية بوليفيا	سوكر-لاباز	1,098,575	9.1	بوليفيانو	2720
جمهورية بيرو	ليما	1,285,216	28.4	سول	5830
جمهورية ترينداد وتوباغو	بورت اف سبين	5,130	1.3	دولار	13170
جمهورية تشيلي	سنتياغو	756,625	16.4	بيزو	11470
جامايكا	كنغرتون	11,425	2.7	دولار	4110
كومنولث دومينيكا	ر وسيو	751	0.1	دولار شرق الكاريبي	5560
جمهورية الدومنيكان	سانتو دومينغو	48,440	9	بيزو	7150
اتحاد سانت كريستوفر (سانت كيتس) ونيفس	باستيري	261	0.05	دولار شرق الكاريبي	12500
سانت فنسنت وغرينادينز	كنغز تاون	389	0.1	دولار شرق الكاريبي	6460
سانت لوتشيا	كاستريز	616	0.2	دولار شرق الكاريبي	5980
جمهورية السلفادور	سان سلفادور	21,395	7	كولون، دولار أمريكي	5120

قارة أمريكا الجنوبية والوسطى-عدد الدول33

الدخل القومي للفرد دولار لسنة 2005	العملة	عدد السكان تقدير 2006 (مليون)	المساحة/كم2	العاصمة	الدولة
-	دولار	0.5	163,820	باراماريبو	جمهورية سورينام
726	دولار شرق الكاريبي	0.1	345	سانت جورجز	دولة غرينادا!
4410	كويتزال	13	108,890	غواتيمالا	جمهورية غواتيمالا
4230	دولار	0.7	214,790	جورجتاون	جمهورية غيانا التعاونية
6440	بوليفار	27	912,045	كاركاس	جمهورية فنزويلا
-	بيزو	11.3	114,525	هافانا	جمهورية كوبا
9680	كولون	4.3	50,900	سان خوزيه	جمهورية كوستاريكا
7420	بيزو	46.8	1,141,915	بوغوتا	جمهورية كولومبيا
10030	بيزو	108.3	1,972,542	مكسيكوستي	الولايات المتحدة المكسيكية
3650	كردوبا	5.6	148,000	مناغوا	جمهورية نيكاراغوا
1840	غورد	8.5	27,750	بورت اوبرنس	جمهورية هايتي
2900	لمبيرا	7.4	112,085	تيغوسيغالبا	جمهورية هندوراس

قارة أوقيانوسيا- عدد الدول 12

الدخل القومي للفرد دولار لسنة 2005	العملة	عدد السكان تقدير 2006 (مليون)	المساحة/كم2	العاصمة	الدولة
30610	دولار استرالي	20.6	7,682,300	كانبيرا	كومنولث أستراليا
-	دولار استرالي	0.01	25	فونافوتي	توفالو
8040	بانغا	0.1	699	نوكوالوفا	مملكة تونغا
6480	تالا	0.2	2,840	أبيا	دولة ساموا الغربية المستقلة
1880	دولار	0.5	29,790	هونيارا	جزر سولومون
3170	فاتو	0.2	14,765	بورت فيلا	جمهورية فانواتو
5960	دولار	0.8	-	سوفا	جمهورية فيجي
-	دولار استرالي	0.1	811	تراوا	جمهورية كريباتي
-	دولار أمريكي	0.1	1181	دالاب	جمهورية جزر مارشال
-	دولار أمريكي	7.2	702	بالكير	اتحاد الولايات الميكرونيزية
-	دولار استرالي	0.01	21	يارين	جمهورية ناؤورو
23300	دولار	4.1	265,150	ولنغتون	نيوزيلندا

أكثر دول العالم سكاناً (تقدير عام 2006)		
.1	الصين	1,311,000,000
.2	الهند	1,122,000,000
.3	الولايات المتحدة	299,000,000
.4	أندونيسيا	225,000,000
.5	البرازيل	187,000,000
.6	باكستان	166,000,000
.7	بنغلادش	147,000,000
.8	روسيا	142,000,000
.9	نيجيريا	135,000,000
.10	اليابان	128,000,000

أكبر دول العالم مساحة (كم^2)		
.1	روسيا	17,075,500
.2	كندا	9,970,610
.3	الصين	9,571,300
.4	الولايات المتحدة	9,372,615
.5	البرازيل	8,511,965
.6	أستراليا	7,682,300
.7	الهند	3,166,829
.8	الأرجنتين	2,780,092
.9	كازاخستان	2,717,300
.10	السودان	2,505,800

العالم /القارات /المحيطات		
العالم	المساحة/كم2	نسبة المساحة%
مجموعة مساحة العالم	509,450,000	100%
مجموعة مساحة اليابس	149,450,000	29.3%
مجموعة مساحة الماء	360,000,000	7.7%
القارات		
آسيا	24,241,000	29.8%
أفريقيا	30,302,000	20.3%
أمريكا الشمالية وأمريكا الوسطى	24,241,000	16.2%
أمريكا الجنوبية	17,793,000	11.9%
القارة القطبية الجنوبية (انتاركتكا)	14,100,00	9.4%
أوروبا	9,957,000	6.7%
أوقيانوسيا وأستراليا	8,557,000	5.7%
المحيطات		
المحيط الهادي	165,760,000	49.9%
المحيط الأطلسي	82,400,000	25.7%
المحيط الهندي	65,526,000	20.5%
المحيط المتجمد الشمالي	14,090,000	3.9%

أعظم البحار في العالم حسب الموقع والمساحة كم ^{2}		
البحر	**الموقع**	**المساحة/كم ^{2}**
البحر المتوسط	المحيط الأطلسي	2,965,800
البحر الكاريبي	المحيط الأطلسي	2,718,200
بحر الصين الجنوبي	المحيط الهادي	2,319,000
بحر بيرنغ	المحيط الهادي	2,291,900
خليج المكسيك	المحيط الأطلسي	1,592,800
بحر أوختسك	المحيط الهادي	1,589,700
بحر الصين الشرقي	المحيط الهادي	1,249,200
خليج هدسن	المحيط الأطلسي	1,232,300
بحر اليابان	المحيط الهادي	1,007,800
بحر اندمان	المحيط الأطلسي	797,700
بحر الشمال	المحيط الأطلسي	575,200

أعمق المنخفضات المائية في العالم حسب الموقع والعمق / م		
المنخفض	**الموقع**	**العمق / م**
منخفض ماريان	المحيط الهادي	10,924
منخفض تونجا	المحيط الهادي	10,822
منخفض اليابان	المحيط الهادي	8,412
منخفض كوريل	المحيط الهادي	9,750
منخفض ميندناو	المحيط الهادي	10,497
منخفض كيرمادك	المحيط الهادي	10,047
منخفض بورتوريكو	المحيط الأطلسي	8,605
منخفض الساندوتش	المحيط الأطلسي	8,325
منخفض بيرو - تشيلي	المحيط الهادي	8,064
منخفض الوشيان	المحيط الهادي	7,679

أعلى الشلالات في العالم حسب الموقع والارتفاع / م		
الشلال	الموقع	الارتفاع / م
انجل	فنزويلا	979
توغيلا	جنوب أفريقيا	850
مونجي	النرويج	774
موترازي	زيمبابوي	762
يوسميث	الولايات المتحدة الأمريكية	729
كوغيونان	فنزويلا	610
سوثرلاند	نيوزيلندا	580
تكاكاو	كندا	503
ريبون	الولايات المتحدة الأمريكية	491
مارد لفوسن	النرويج	468

المناطق المنخفضة في العالم حسب الموقع والانخفاض/م		
المنطقة	الموقع	الانخفاض/م
البحر الميت	آسيا - الأردن	416-
بحيرة عسل	أفريقيا - جيبوتي	156-
وادي الموت	أمريكا الشمالية/ الولايات المتحدة الأمريكية	86-
شبه جزيرة فالديس	أمريكا الجنوبية- الأرجنتين	40-
بحر قزوين	آسيا- أوروبا	28-
بحيرة اير	أستراليا	16-

أعظم البحيرات في العالم حسب الموقع والمساحة /كم²		
البحيرة	الموقع	المساحة/كم²
بحر قزوين	آسيا - أوروبا	371,000
سوبيريور	كندا - الولايات المتحدة الأمريكية	82,200
فكتوريا	شرق أفريقيا	60,900
هورن	كندا - الولايات المتحدة الأمريكية	59,960
متشغان	الولايات المتحدة الأمريكية	58,000
ارال	كازاخستان- أوزبكستان	36,000
تنجانيقا	وسط أفريقيا	33,000
غريت بير (الدب الكبير)	كندا	31,500
بايكال	روسيا	31,500
مالاوي	أفريقيا	29,000

أكبر المدن ارتفاعاً في العالم/م		
المدينة	الدولة	الارتفاع/م
بوتوسي	بوليفيا	3,976
لاسا	الصين	3,658
لاباز	بوليفيا	3,577
كوزكو	بيرو	3,399
كيتو	اكوادور	2,819
سوكر	بوليفيا	2,790
تالوكادالبردو	المكسيك	2,680
بوغوتا	كولومبيا	2,644
كوتشبامبا	بوليفيا	2,558
باشوكادي سوتو	المكسيك	2,408

أعظم البحيرات في العالم حسب الموقع والعمق/م		
البحيرة	الموقع	العمق/م
بايكال	روسيا	1,741
تنجانيقا	وسط أفريقيا	1,435
بحر قزوين	آسيا- أوروبا	946
مالاوي	أفريقيا	706
ايسيك كول	آسيا	700

أعلى القمم في العالم حسب القارة والموقع والارتفاع /م		
قارة آسيا	الموقع	الارتفاع/م
افرست	نيبال- الصين	8,850
غودين اوستن (ك2)	الصين- كشمير	8,611
كانشنجونغا	نيبال-الهند	8,598
لوتسا	الصين- نيبال	8,516
مكالو	الصين- نيبال	8,481
قارة أفريقيا		
كيليمانغارو	تنازنيا	5,895
كينيا	كينيا	5,199
روونزوري	أوغندا- الكونغو الديمقراطية	5,109
راس داشن	أثيوبيا	4,620
ميرو	تنزانيا	4,565

أعظم البحيرات في العالم حسب الموقع والكتلة المائية/كم^2		
البحيرة	الموقع	الكتلة المائية/كم^3
بحر قزوين	آسيا- أوروبا	3844
بايكال	روسيا	1324
تنجانيقا	وسط أفريقيا	1026
سوبيريور	كندا-الولايات المتحدة الأمريكية	706
مالاوي	أفريقيا	353

أكبر الجزر في العالم حسب القارة والموقع والمساحة / كم^2		
قارة آسيا	الموقع	المساحة/كم^2
بورنيو	بحر الصين الجنوبي	743,107
سومطرة (أندونيسيا)	بحر اندمان	473,605
هونشو (اليابان)	المحيط الهادي	230,316
سلاوسي (سيليبس) (أندونسيا)	بحر سيليبس	189,034
جاوة (أندونسيا)	المحيط الهندي	126,884
لوزون (فلبين)	المحيط الهادي	104,688
قارة أفريقيا		
مدغشقر	المحيط الهندي	587,000
سوقطرة (اليمن)	المحيط الهندي	3,600
ريونيون	المحيط الهندي	2,500
تينيرف (جزركناري)	المحيط الأطلسي	2,350
موريشيوس	المحيط الهندي	1,865

قارة أوروبا		
الجبل الأبيض	فرنسا- إيطاليا	4,807
مون روز	سويسرا- إيطاليا	4,634
دم	سويسرا	4,545
فايسهورن	سويسرا	4,505
سيرفان	سويسرا-إيطاليا	4,478
قارة أمريكا الشمالية		
ماكينلي	ألاسكا (الولايات المتحدة الأمريكية)	6,194
لوغان	كندا	6,050
سانت إيلاس	كندا- الولايات المتحدة الأمريكية	5,304
فوراكر	ألاسكا (الولايات المتحدة الأمريكية)	5,304
قارة أمريكا الجنوبية والوسطى		
لوكانيا	ألاسكا الولايات المتحدة الأمريكية)	5,226
اكنكاغوا	الأرجنتين	6,962
إيليماني	بوليفيا	6,882
بونتي	الأرجنتين	6.872
سلادو	الأرجنتين- تشيلي	6,863
توبنغاتو	الأرجنتين- تشيلي	6,800
قارة أوقيانوسيا		
بنكاك جايا	أندونيسيا	5,029
بنكاك مندلا	أندونيسيا	4,760
بنكاك تريكورا	أندونيسيا	4,750
فيلهلم	نيوغينيا	4,508
ماوناكيا	هاواي (الولايات المتحدة الأمريكية)	4,208
القارة القطبية الجنوبية		
فنسون	القارة القطبية الجنوبية	4,897
كيركباترك	القارة القطبية الجنوبية	4,528
ماركام	القارة القطبية الجنوبية	4,349
فورتركاكا	القارة القطبية الجنوبية	3,630
منزس	القارة القطبية الجنوبية	3,355

قارة أوروبا		
بريطانيا	بحر الشمال	229,880
أيسلندا	المحيط الأطلسي	103,000
ايرلندا	المحيط الأطلسي	84,400
نوفيا زملا(روسيا)	بحر كارا الشمالي	48,200
سبتسبيرغن الغربية (النرويج)	المحيط المتجمد الشمالي	39,000
قارة أمريكا الشمالية		
غرينلاند (الدنمارك)	المحيط الأطلسي	2,175,600
بافن (كندا)	خليج بافن	476,068
فيكتوريا (كندا)	مضيق الفكونت ملفيل	212,200
السمير (كندا)	المحيط المتجمد الشمالي	212,688
قارة أمريكا الجنوبية		
كوبا	البحر الكاريبي	114,500
تيرادلفويغو (تشيلي-الأرجنتين)	المحيط الأطلسي	48,187
فولكلاند (بريطانيا)	المحيط الأطلسي	6,800
جورجيا الجنوبية (بريطانيا)	المحيط الأطلسي	4,200
غالاباغوس (اكوادور)	المحيط الهادي	2,250
قارة أوقيانوسيا		
نيوغينيا	المحيط الهادي	820,033
نيوزيلاندا (الجزيرة الجنوبية)	المحيط الهادي	150,461
نيوزيلندا (الجزيرة الشمالية)	المحيط الهادي	114,688
تسمانيا (أستراليا)	المحيط الهندي	67,800
بريطانيا الجديدة (بابوا نيوغينيا)	بحر بسمارك	37,800
القارة القطبية الجنوبية		
الكسندر	حوض ليلينغز هاوزن	43,253
بيركز	بحر ويدل	3,885

أعظم الأنهار في العالم حسب الطول/كم			
النهر	الموقع	المصب	الطول/كم
النيل	أفريقيا	البحر المتوسط	6,670
الأمازون	أمريكا الجنوبية	المحيط الأطلسي	6,430
المسيسبي	أمريكا الشمالية	خليج المكسيك	5,970
يانغتسي	آسيا	بحر الصين الشرقي/المحيط الهادي	5,797
اوب-ارتيش	آسيا	بحر كارا/المحيط المتجمد الشمالي	5,567
هوانغ هو	آسيا	البحر الأصفر/المحيط الهادي	4,667
ينسي	آسيا	بحر كارا/المحيط المتجمد الشمالي	4,506
بارانا	أمريكا الجنوبية	ريودي لابلاتا/المحيط الأطلسي	4,498
ايريتش	آسيا	نهر اوب	4,438
الكونغو	إفريقيا	المحيط الأطلسي	4,371
الأمازون	أمريكا الجنوبية	المحيط الأطلسي	6,151,250
الكونغو	أفريقيا	المحيط الأطلسي	3,822,840
المسيسبي	أمريكا الشمالية	خليج المكسيك	3,229,730
بلاتا	أمريكا الجنوبية	المحيط الأطلسي	3,100,230
أوب-ارتيش	آسيا	المحيط المتجمد الشمالي	2,988,860
النيل	أفريقيا	البحر المتوسط	2,802,380
ينسي	آسيا	بحركارا/المحيط المتجمد الشمالي	2,618,490
لينا	آسيا	بحر لابتف/المحيط المتجمد الشمالي	2,488,990
النيجر	أفريقيا	خليج غينيا/المحيط الأطلسي	2,092,720
امور	آسيا	بحر اليابان/المحيط الهادي	2,051,280

أعظم الأنهار في العالم حسب معدل التصريف المائي م^3/ ث			
النهر	**الموقع**	**المصب**	**معدل التصريف م3/ ث**
الأمازون (بدون روافده)	أمريكا الجنوبية	المحيط الأطلسي	72,000
الكونغو	أفريقيا	المحيط الأطلسي	38,993
نيغرو (رافد نهر الأمازون)	أمريكا الجنوبية	نهر الأمازون	34,999
يانغتسي	آسيا	بحر الصين الشرقي/المحيط الهادي	32,196
أورينوكو	أمريكا الجنوبية	المحيط الأطلسي	25,202
بلاتا	أمريكا الجنوبية	المحيط الأطلسي	21,804
ماديرا (رافد نهر الأمازون)	أمريكا الجنوبية	نهر الأمازون	21,804
ينسي	آسيا	بحر كارا/ المحيط المتجمد الشمالي	18,010
براهمابوترا	آسيا	خليج البنغال	16,282
لينا	آسيا	بحر لابتف/ المحيط المتجمد الشمالي	16,112

أ على درجة حرارة مسجلة في كل قارة حسب الموقع والتاريخ ودرجة الحرارة/ م			
القارة	الموقع	التاريخ	درجة الحرارة م
أفريقيا	العزيزية- ليبيا	أيلول-1992	58
أمريكا الشمالية	وادي الموت-الولايات المتحدة الأمريكية	تموز-1913	57
آسيا	الزّراعة - بيسان - فلسطين	حزيران-1942	54
أستراليا	كلون كري-كوينزلاند	كانون ثاني-1889	53
أوروبا	سفيليا "اشبيلية "-اسبانيا	آب-1881	50
أمريكا الجنوبية	ريفادافيا - الأرجنتين	كانون أول-1905	49
القارة القطبية الجنوبية	شبه جزيرة بالمر	تشرين أول-1956	14
أدنى درجة حرارة مسجلة في كل قارة حسب الموقع والتاريخ ودرجة الحرارة/ م			
القارة	الموقع	التاريخ	°درجة الحرارة/ م
القارة القطبية الجنوبية	فستوك	آب-1960	88-
آسيا	فرخويانسك	شباط-1933	68-
أمريكا الشمالية	يوكون-كندا	شباط - 1947	63-
أوروبا	اوست شوغور-الاتحاد السوفيتي	-	55-
أمريكا الجنوبية	سارمنتو-الأرجنتين	كانون ثاني-1907	33-
أفريقيا	ايفران-المغرب	شباط-1935	24-
أستراليا	ممر شارلوت	تموز-1947	22-

المصادر والمراجع

المراجع العربية:

1- إبراهيم الدويري وآخرون: **علوم الأرض والبيئة للمرحلة الثانوية**، الفرع العلمي، المديرية العامة للمناهج، عمان 2004.

2- أحمد عوض الزعبي وآخرون: **الجغرافية الاقتصادية، الصف الأولى الثانوية الأدبي**، المديرية العامة للمناهج، عمان 1999.

3- رشيد كمون وعمر المنصوري والمنصف التونسي: **كتاب الجغرافيا، السنة الثالثة، تعليم ثانوي**، وزارة التربية القومية، تونس 1989.

4- زيد عبدالكريم الدباس وآخرون: **جغرافية العالم المعاصر، الصف الثامن**، إدارة المناهج والكتب المدرسية، عمان 2003.

5- سامي علي شمسان وآخرون: **جغرافية الإنسان والبيئة، الأول الثانوي، الجزء الثاني**، وزارة التربية والتعليم، صنعاء 2003.

6- سعود شواقفة وآخرون: **جغرافية الوطن العربي، الصف التاسع**، المديرية العامة للمناهج، عمان 2003.

7- سميح عودة: **الخرائط**، عمان 1990.

8- عبدالباقي عبدالغني بابكر وآخرون: **الجغرافيا والدراسات البيئية، الصف الثاني الثانوي**، وزارة التربية والتعليم، المركز القومي للمناهج والبحث التربوي، الخرطوم 2001.

9- عبدالحميده جدة وآخرون: **كتاب الجغرافيا، السنة السادسة، التعليم الثانوي**، وزارة التربية والتعليم والبحث العلمي، تونس 1989.

10- عبدالقادر عابد وآخرون: **أساسيات علم البيئة**، دار وائل للطباعة والنشر، عمان 2003.

11- علي أحمد جوارنة وآخرون: **جغرافية الأردن**، ط2، إدارة المناهج والكتب المدرسية، الصف العاشر، عمان 2003.

12- علي موسى: **المعجم الجغرافي المناخي**، دار الفكر، دمشق 1986.

13- فتحي أبو عيانه: **جغرافية السكان**، دار المعرفة الجامعية، الإسكندرية 1999.

14- قاسم الدويكات: **الجغرافيا العسكرية**، عمان 1998.

15- قاسم الدويكات: **مشكلات الحدود السياسية في الوطن العربي**، عمان 2003.

16- لطيفة علي عبيد: **الجغرافيا، الصف الأول الثانوي**، وزارة التربية والتعليم، الإمارات العربية 1995.

17- مجمع اللغة العربية: **المعجم الجغرافي**، القاهرة 1974.

18- محمود الطاهر وآخرون: **الكيمياء وعلوم الأرض، الصف العاشر**، إدارة المناهج والكتب المدرسية، عمان 2003.

19- يحيى محمد نبهان: **معجم مصطلحات الجغرافيا والتاريخ**، دار يافا العلمية، عمان 2003.

20- المركز الوطني للاستشعار عن بعد: **معجم مصطلحات الاستشعار عن بعد**، دمشق 19863.

21- موسى ابو سل وبسمة سلامة: **الجغرافية العامة، الأول الثانوي**، إدارة المناهج والكتب المدرسية، عمان 2001.

22- نعمان شحادة وأحمد الخشمان وقيمر القيمري: **الجغرافيا العامة، الصف السابع**، المناهج، عمان 1995.

23- نعمان شحادة وآخرون: **الجغرافيا الطبيعية والسياسية، الثاني الثانوي/أدبي** ، ط3، المديرية العامة للمناهج، عمان 2001.

24- هاني العزيري: **معجم مصطلحات الجغرافيا العسكرية والسياسية**، دار مجدلاوي، عمان 2005.

25- هاني العزيزي: **أسماء ومعان جغرافية**، دار مجدلاوي، عمان 2005.

26- يوسف توني: **معجم المصطلحات الجغرافية**، ط2، دار الفكر العربي، القاهرة 1970.

المراجع الانجليزية:

1) Buchanan, R: **An Illustrated Dictionary7 of geography McGraw-Hill Far Eastern Publishers**, Singapore 1974.

2) Bunnett R.B.: **General Geography in Diagrams**, Longman Group Ltd. London 1973.

3) Getis and Others: **Introduction to Geography, 4th edition**, Wm.c Brown, USA 1990.

4) Maynew, S: **Oxford Dictionary of Geography, 2ed edition**, Oxford University press. New York 1997.

5) Monkhouse, F.T and John Small: **A Dictionary of the Natural Environment,** Edward Arnold, London 1972.

استب (استبس ، سهوب)

شكل (1)

سافانا (حشائش مدارية)

شكل (2)

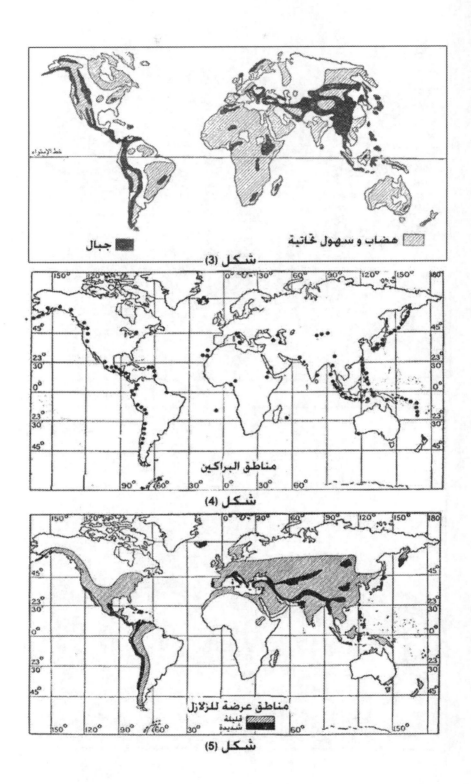

هضاب و سهول تحاتية
جبال

شكل (3)

مناطق البراكين

شكل (4)

مناطق عرضة للزلازل
قليلة
شديدة

شكل (5)

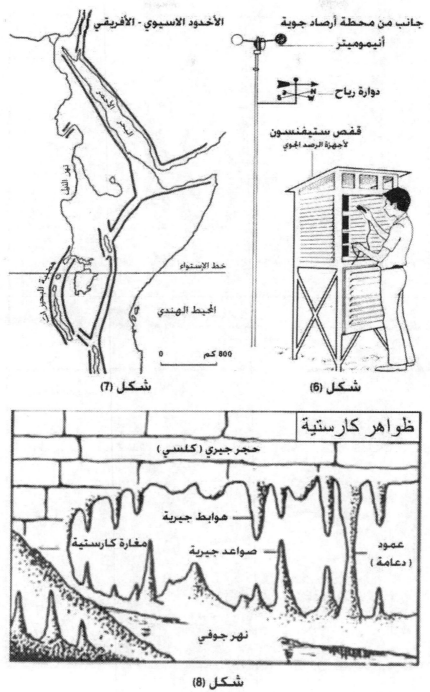

الأخدود الاسيوي - الأفريقي
البحر الأحمر
نهر النيل
خط الإستواء
المحيط الهندي
800 كم 0

شكل (7)

جانب من محطة أرصاد جوية
أنيموميتر
دوارة رياح
قفص ستيفنسون
لأجهزة الرصد الجوي

شكل (6)

ظواهر كارستية
حجر جيري (كلسي)
هوابط جيرية
مغارة كارستية
صواعد جيرية
عمود
(دعامة)
نهر جوفي

شكل (8)

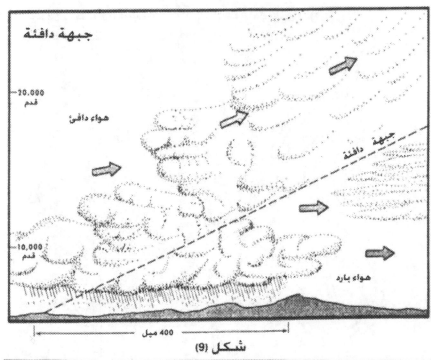

جبهة دافئة

٢٠,٠٠٠ قدم

هواء دافئ

جبهة دافئة

١٠,٠٠٠ قدم

هواء بارد

٤٠٠ ميل

شكل (9)

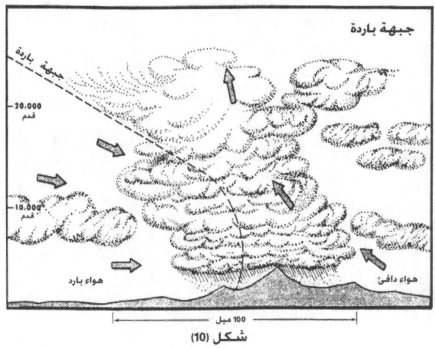

جبهة باردة

جبهة باردة

٢٠,٠٠٠ قدم

١٠,٠٠٠ قدم

هواء دافئ

هواء بارد

١٠٠ ميل

شكل (10)

250

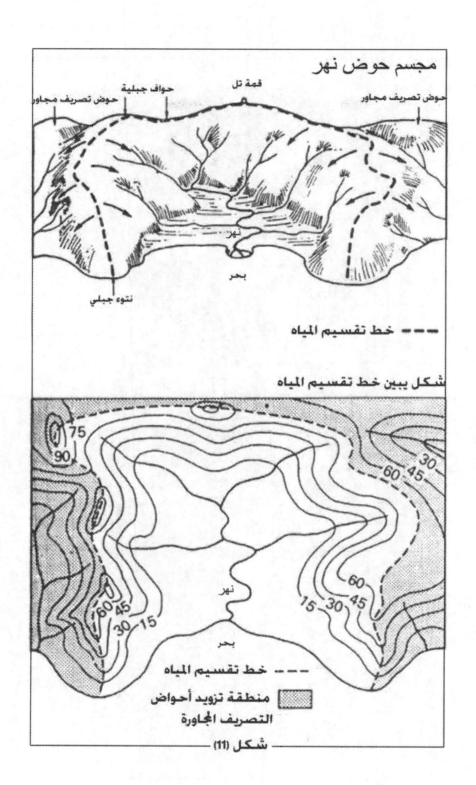

مجسم حوض نهر

حوض تصريف مجاور
قمة تل
حواف جبلية
حوض تصريف مجاور
نهر
بحر
نتوء جبلي

‑ ‑ ‑ خط تقسيم المياه

شكل يبين خط تقسيم المياه

نهر

بحر

‑ ‑ ‑ خط تقسيم المياه

▨ منطقة تزويد أحواض
التصريف المجاورة

شكل (11)

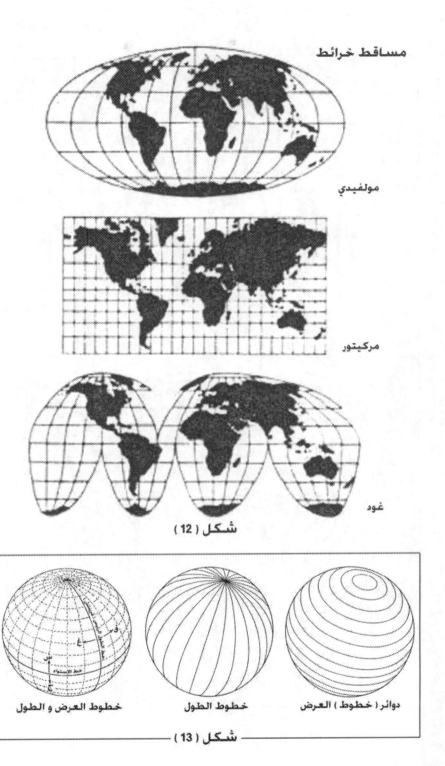

مساقط خرائط

مولفيدي

مركيتور

غود

شكل (12)

خطوط العرض و الطول   خطوط الطول   دوائر (خطوط) العرض

شكل (13)

رق (سهل حصوي)

شكل (14)

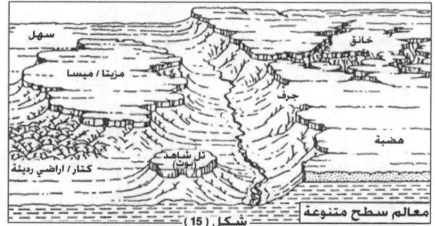

معالم سطح متنوعة

شكل (15)

سهل

مزيتا / ميسا

جرف

هضبة

خانق

تل شاهد

كتار / أراضي رديئة

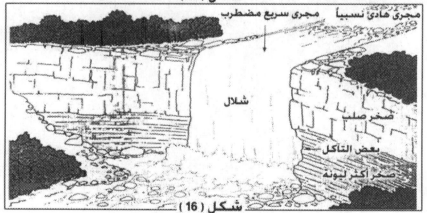

شكل (16)

مجرى هادئ نسبياً

مجرى سريع مضطرب

شلال

صخر صلب

بعض التأكل

صخرا أكثر ليونه

الرياح المحلية

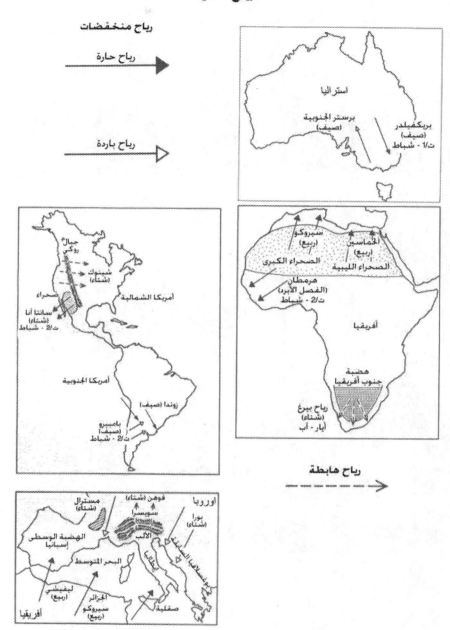

شكل (17)

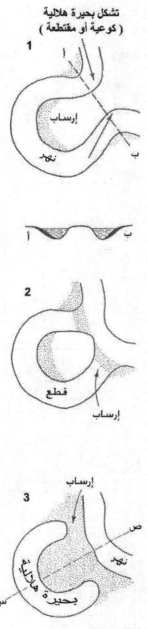

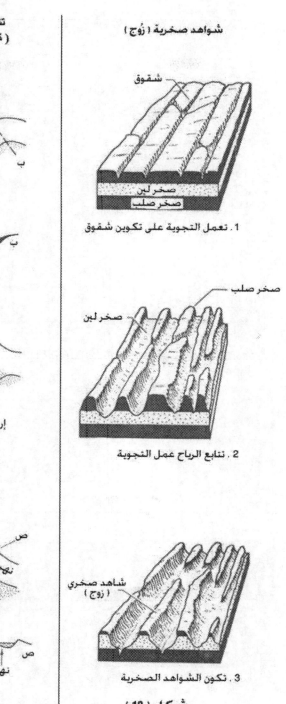

شواهد صخرية (زُوج)

شقوق
صخر لين
صخر صلب
1 . تعمل التجوية على تكوين شقوق
صخر صلب
صخر لين
2 . تتابع الرياح عمل التجوية
شاهد صخري
(زوج)
3 . تكون الشواهد الصخرية

شكل (18)

تشكل بحيرة هلالية
(كوعية أو مقتطعة)

1
أ
إرساب
نهر
ب
أ
ب
2
قطع
إرساب
3
إرساب
ص
نهر
بحيرة هلالية
س
س
ص
بحيرة هلالية
نهر

شكل (19)

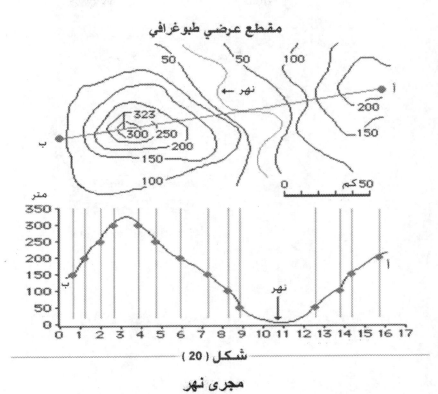

مقطع عرضي طبوغرافي

شكل (20)

مجرى نهر

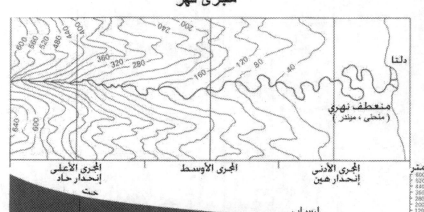

مقطع نموذجي على طول مجرى نهر من المنبع إلى المصب

شكل (21)

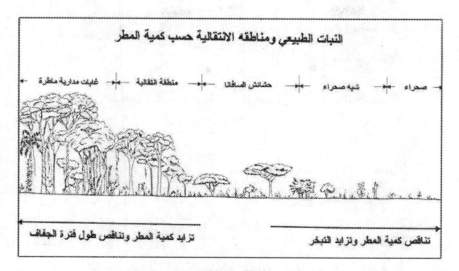

النبات الطبيعي ومناطقه الانتقالية حسب كمية المطر
صحراء
شبه صحراء
حشائش السفانا
منطقة انتقالية
غابات مدارية ماطرة
تزايد كمية المطر وتناقص طول فترة الجفاف
تناقص كمية المطر وتزايد التبخر

شـكـل (22)

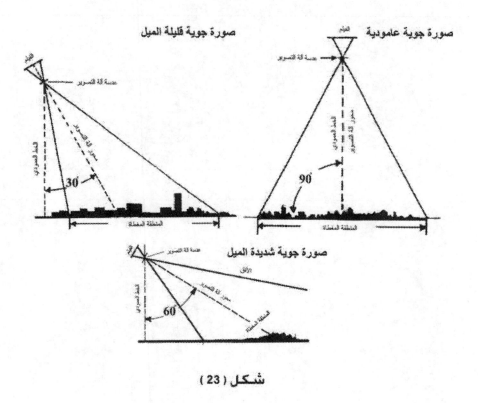

صورة جوية عامودية
صورة جوية قليلة الميل
صورة جوية شديدة الميل
30
90
60

شـكـل (23)

خسوف القمر (وقوع الارض بين القمر و الشمس)

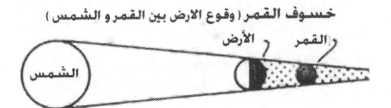

كسوف الشمس (وقوع القمر بين الارض و الشمس)

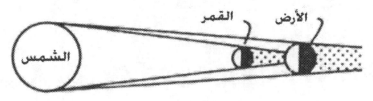

شكل (24)

المنخفضات الجوية و أضاد الأعاصير (المرتفعات الجوية)

نصف الكرة الشمالي

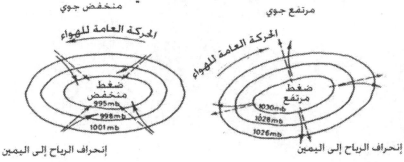

نصف الكرة الجنوبي

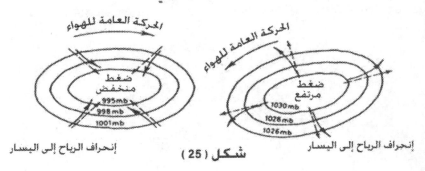

شكل (25)

أنواع المطر

1. مطر تضاريسي

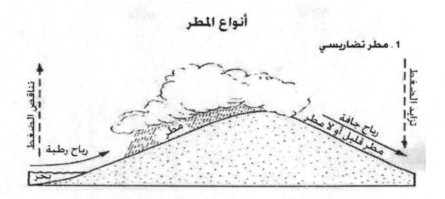

2. مطر إعصاري

هواء دافئ يرتفع فوق هواء بارد فيحدث التكاثف و تتشكل السحب و يتكون المطر

خط فاصل بين الهواء الدافئ و الهواء البارد

هواء دافئ

هواء بارد

مطر

3. مطر تصاعدي

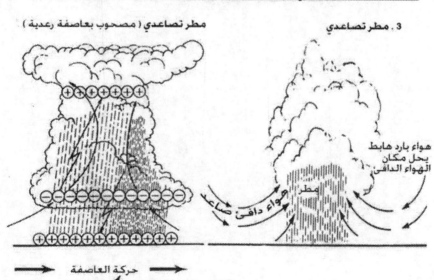

مطر تصاعدي (مصحوب بعاصفة رعدية)

هواء بارد هابط يحل مكان الهواء الدافئ

مطر

هواء دافئ صاعد

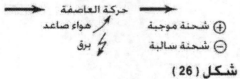

حركة العاصفة

هواء صاعد

برق

شحنة موجبة

شحنة سالبة

شكل (26)

أحوال الجو السنة
شكل (27)

خريطة وتوزع درجات حرارة 15م
دون 20-م

15م
دون درجات الحرارة بين 20-م
20م

20م
دون درجات الحرارة بين 5 و
5م

25م
دون درجات الحرارة بين 15
15م

ماطر جداً أكثر من 1500
ماطر 1500 - 1000
رطب 1000 - 500
جاف 500 - 250

المطر السنوي (ملم)
شكل (28)

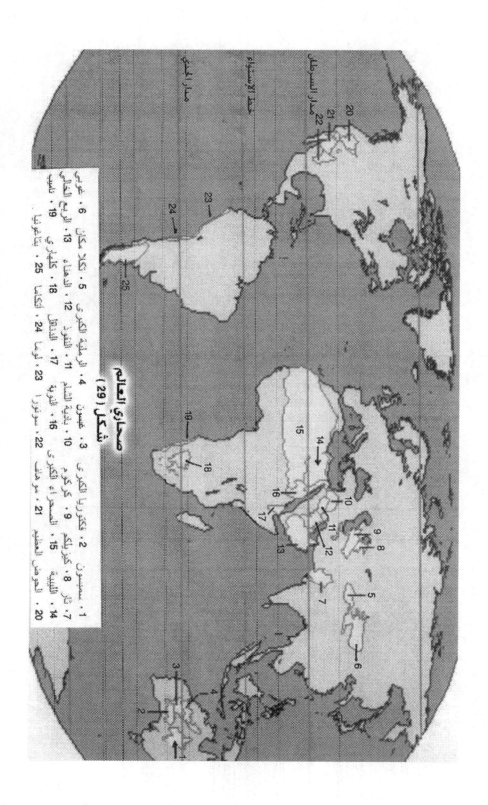

صحاري العالم

شكل (29)

1 . سمبسون 2 . فكتوريا الكبرى 3 . غبسون 4 . الرملية الكبرى 5 . تكلا مكان 6 . غوبي
7 . ثار 8 . كيزيلكم 9 . كركوم 10 . بادية الشام 11 . النفوذ 12 . الدهناء 13 . الربع الخالي
14 . الليبية 15 . الصحراء الكبرى 16 . النوبة 17 . الدناقل 18 . كلهاري 19 . ناميب
20 . الحوض العظيم 21 . موهاف 22 . سونورا 23 . لوما 24 . أتكاما 25 . بتاغونيا

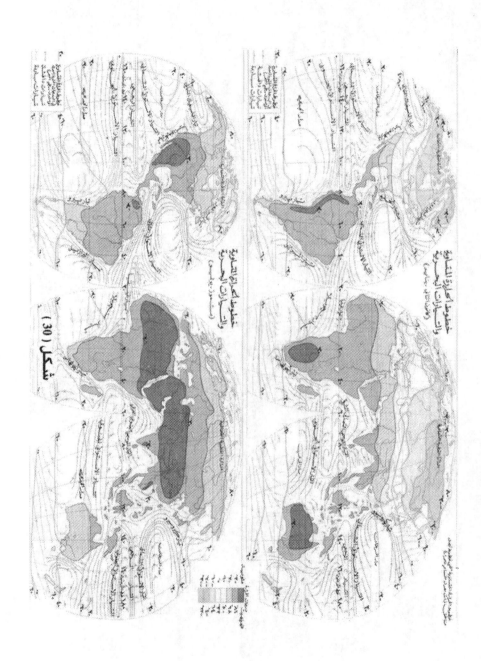

شكل (30)

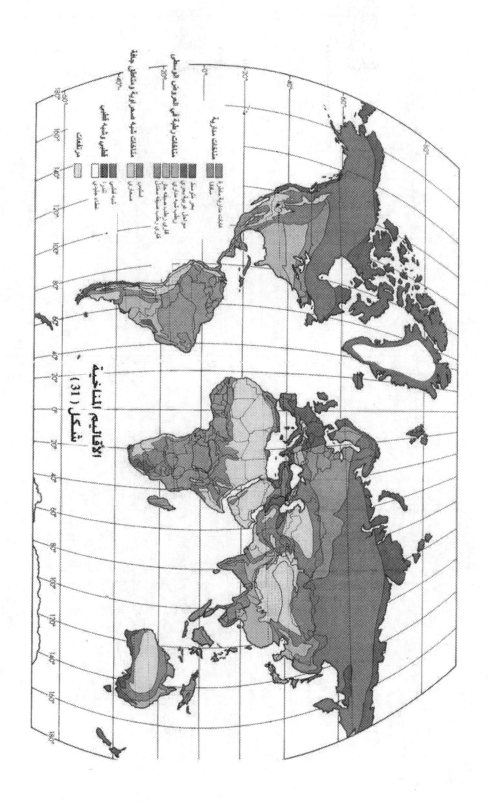

الأقاليم المناخية
شكل (31)

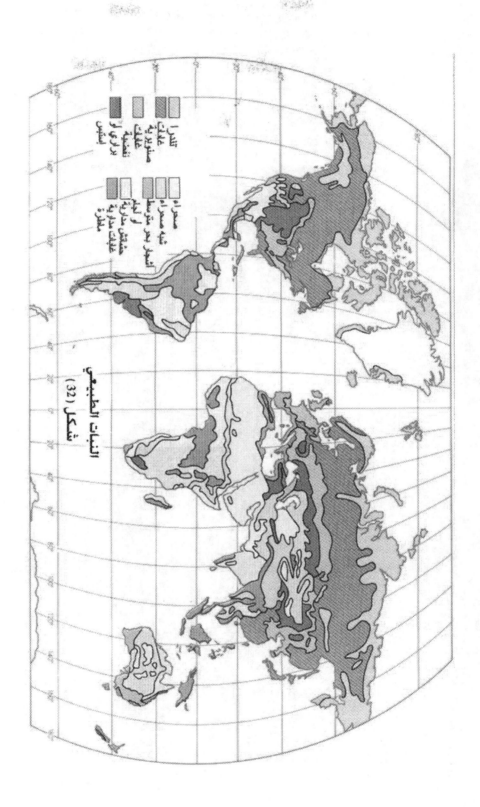

النبات الطبيعي

شكل (32)

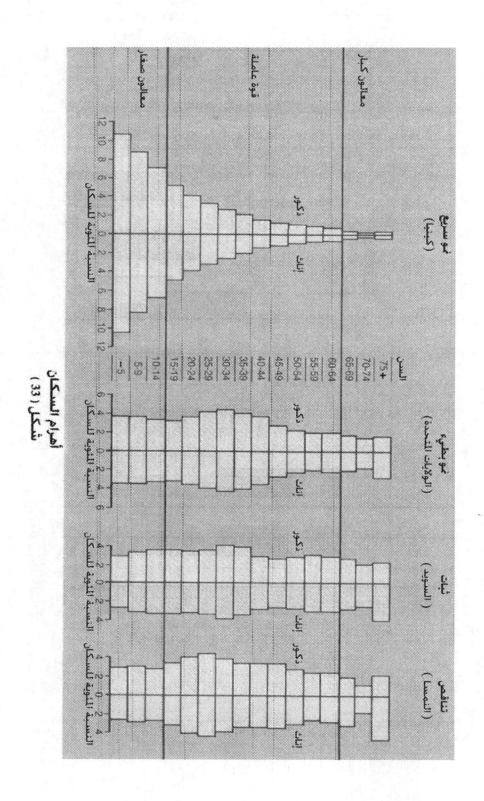

أهرام السكان
شكل (33)

أشكال الالتواء (الطي)

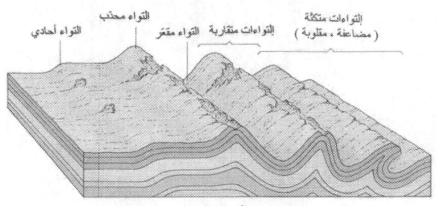

التواء أحادي — التواء محدب — التواء مقعر — التواءات متقاربة — التواءات متكتلة (مضاعفة ، مقلوبة)

شكل (34)

أشكال الصدوع

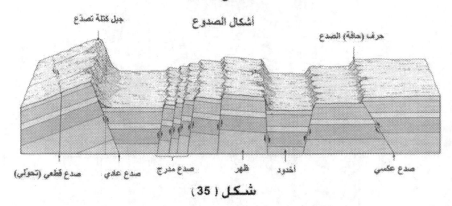

جبل كتلة تصدع — حرف (حافة) الصدع

صدع قطعي (تحولي) — صدع عادي — صدع مدرج — خندق — أخدود — صدع عكسي

شكل (35)

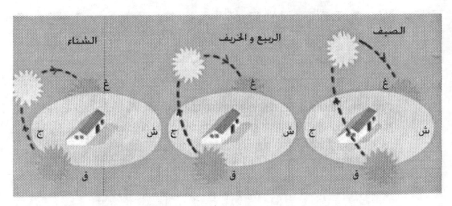

الشتاء — الربيع والخريف — الصيف

شروق وغروب الشمس في فصول السنة في العروض الوسطى ــ نصف الكرة الشمالي

شكل (36)

268

النظام الشمسي

شكل (37)

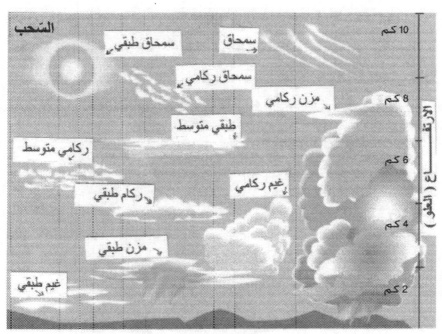

السّحب
سمحاق طبقي
سمحاق
10 كم
سمحاق ركامي
مزن ركامي
8 كم
طبقي متوسط
ركامي متوسط
6 كم
غيم ركامي
ركام طبقي
4 كم
مزن طبقي
غيم طبقي
2 كم

شكل (38)

طبقات التربة

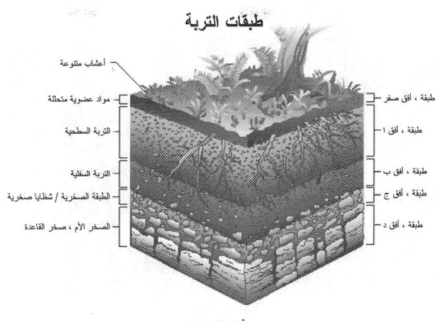

أعشاب متنوعة
مواد عضوية متحللة
التربة السطحية
التربة السفلية
الطبقة الصخرية / شظايا صخرية
الصخر الأم ، صخر القاعدة
طبقة ، أفق صفر
طبقة ، أفق ا
طبقة ، أفق ب
طبقة ، أفق ج
طبقة ، أفق د

شكل (39)

أنواع الصخور

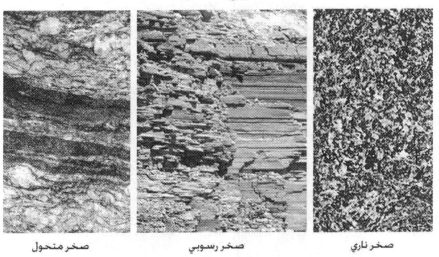

صخر ناري
صخر رسوبي
صخر متحول

شكل (40)

الرياح اليومية

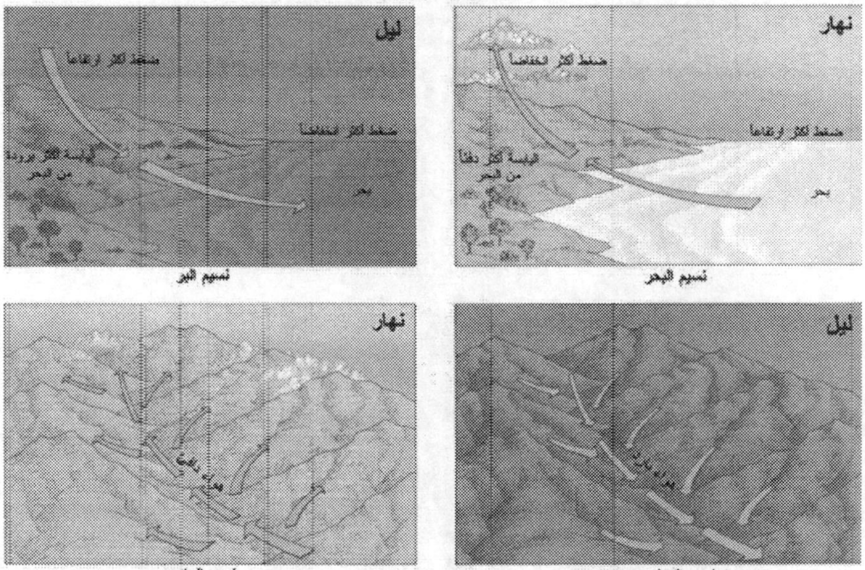

نهار
ليل
نسيم البحر
نسيم البر
ليل
نهار
نسيم الجبل
نسيم الوادي

شـكـل (41)

الضغط الجوي و الرياح الدائمة

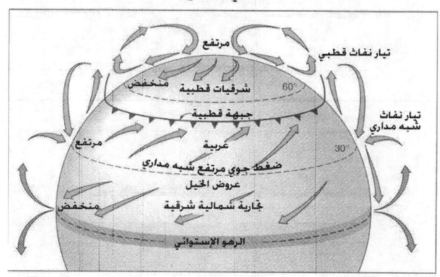

مرتفع
تيار نفاث قطبي
منخفض
شرقيات قطبية
60°
جبهة قطبية
تيار نفاث
شبه مداري
مرتفع
غربية
30°
ضغط جوي مرتفع شبه مداري
عروض الخيل
منخفض
تجارية شمالية شرقية
الرهو الإستوائي

شـكـل (42)

الكرة الأرضية

شكل (43)

دورة الماء في الطبيعة

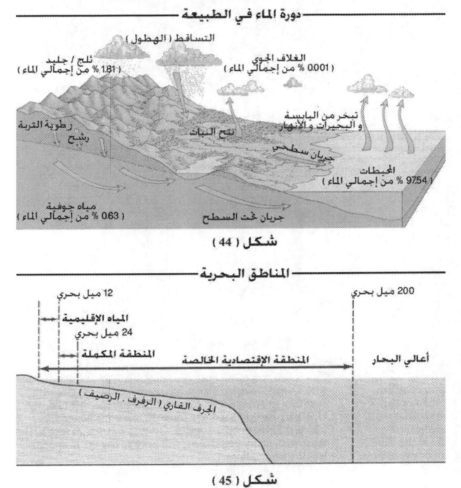

التساقط (الهطول)

ثلج / جليد
(1.81 % من إجمالي الماء)

الغلاف الجوي
(0.001 % من إجمالي الماء)

رطوبة التربة

رشح

نتح النبات

جريان سطحي

تبخر من اليابسة
والبحيرات والأنهار

المحيطات
(97.54 % من إجمالي الماء)

مياه جوفية
(0.63 % من إجمالي الماء)

جريان تحت السطح

شكل (44)

المناطق البحرية

12 ميل بحري

200 ميل بحري

المياه الإقليمية

24 ميل بحري

المنطقة المكملة

المنطقة الاقتصادية الخالصة

أعالي البحار

الجرف القاري (الرفرف . الرصيف)

شكل (45)

272

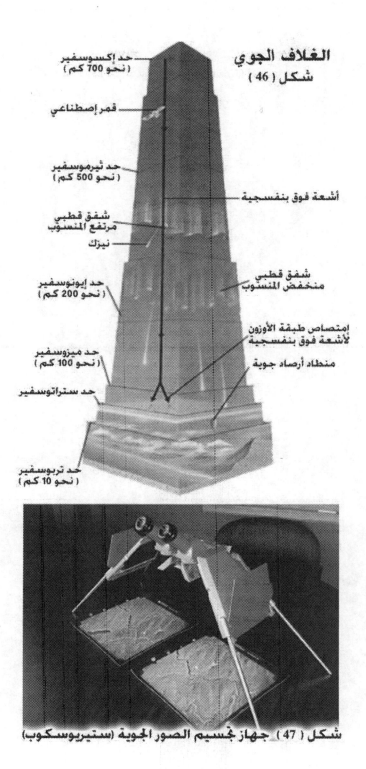

الغلاف الجوي
شكل (46)

حد إكسوسفير
(نحو 700 كم)

قمر إصطناعي

حد ثيرموسفير
(نحو 500 كم)

أشعة فوق بنفسجية

شفق قطبي
مرتفع المنسوب

نيزك

شفق قطبي
منخفض المنسوب

حد إيونوسفير
(نحو 200 كم)

امتصاص طبقة الأوزون
لأشعة فوق بنفسجية

حد ميزوسفير
(نحو 100 كم)

منطاد أرصاد جوية

حد ستراتوسفير

حد تربوسفير
(نحو 10 كم)

شكل (47) جهاز تجسيم الصور الجوية (ستيريوسكوب)

273

نظام نهري (منبع - مصب)

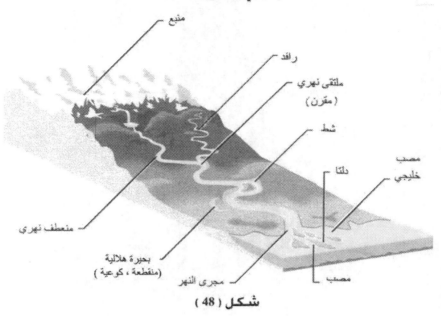

منبع

رافد

ملتقى نهري
(مقرن)

شط

دلتا

مصب
خليجي

منعطف نهري

بحيرة هلالية
(منقطعة ، كوعية)

مجرى النهر

مصب

شكل (48)

محيطات و بحار العالم الرئيسة

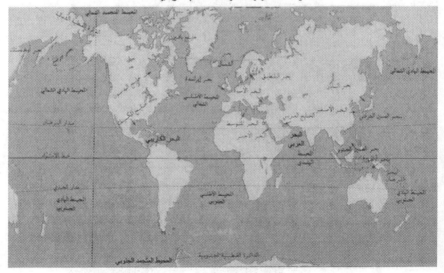

شكل (49)

أشكال الكثبان الرملية

إتجاه الرياح السائدة

برخان (هلالي)

سلسلة شبه برخان

قبابي

طولي / خطي

معكوس

نجمي

سلسلة مستعرضة

شكل (50)

خطوط المناسيب المتساوية / الكنتور

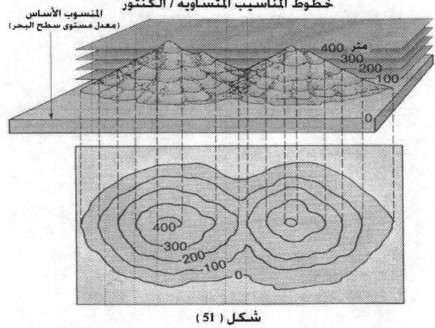

المنسوب الأساس
(معدل مستوى سطح البحر)

متر 400
300
200
100
0

400
300
200
100
0

شكل (51)

معالم سطح الأرض
جبل
نهر جليد
(ثلاجة)
بركان
بحيرة
حوض
سهل فيضي
منبع نهر
ركام جليد
(مورينا)
شاهد (بوت)
مروجة غرينية
شلال
هضبة
ميسا
خانق
مقسم مياه
وادي نهري
رافد
تلال
نهر
سهل
مضيق
مرفأ
شاطئ
رأس
خليج
جزيرة
شبه جزيرة
برزخ
مصب نهر
دلتا
حاجز رملي
محيط
أرخبيل
شكل (52)

❖ **إبراهيم موسى الزقرطي**

- **المؤهل العلمي:** ماجستير أداب/ 1978/ قسم الجغرافيا/ جامعة القاهرة.

- **الخبرات الوظيفية:** المركز الجغرافي الملكي الأردني:
  - باحث جغرافي 1978-1980.
  - مدير دائرة 1980-2000، وأهم الدوائر: دائرة البحوث والدراسات والوثائق، دائرة التخطيط.
  - المستشار الفني 2000-2003 حيث تم التقاعد.

- **التدريس: محاضر**
  - التنمية في الوطن العربي/ كلية المركز الجغرافي الملكي الأردني (6) سنوات.
  - جغرافية الأردن/ الكلية الفندقية (3) سنوات.
  - دورات الأسماء الجغرافية/ المركز الجغرافي/ 4 دورات سنوياً.

- **العمل الحالي:** عضو اللجنة للأسماء الجغرافية.
  - مشرف الدراسات المسحية/ جائزة الحسن للشباب.

- **اللجان السابقة:**
  - أمين سر اللجنة الوطنية للأسماء الجغرافية 1984-2003.
  - عضو في: لجنة الأجندة/ 21/ الأردن.
  - لجنة تطوير البادية الأردينة.
  - لجنة تطوير مناهج الاجتماعيات/ وزارة التربية.
  - الشعبة العربية للأسماء الجغرافية/ هيئة الأمم.
  - لجنة أطلس الوطن العربي/ اتحاد الجامعات العربية.
- رئيس هيئة التحرير/ المحرر المسؤول/ مجلة المقياس/ المركز الجغرافي 1982-1988، 1997-2003.

- **الكتب المنشورة:**

1. اسس الاسماء الجغرافية/ المركز الجغرافي 1997.
2. معجم البلدان/ محافظة البلقاء/ بالاشتراك/ المركز الجغرافي 1997.
3. جغرافية الأدرن/ بالاشتراك/ دار الشروق ط1، 2001، ط2، 2004.
4. موسوعة محافظة جرش/ جائزة الحسن للشباب/ 2004.
5. الأردن صور وخرائط/ بالاشتراك/ المركز الجغرافي 1993.
6. الموسوعة الفلسطينية، 1984، باب الأرض 110 مواضيع.

- **البحوث المنشورة:** (35) بحثاً في: الأردن، سوريا، العراق، عُمان، الكويت، لبنان، ليبيا.

- **المؤتمرات:** المشاركة في الكثير من المؤتمرات، وقدم بها أوراق عمل وبحوث في الأردن. وفي الخارج في كل من: أنقرة، برلين، بغداد، جنيف، الرباط، سيؤل، فينا، طرابلس، نيويورك.

❖ مقدم متقاعد/ هاني عبد الرحيم العزيزي

– بكالوريوس جغرافيا- كلية الآداب/ جامعة الإسكندرية 1969

– معلم جغرافيا في المدارس العسكرية الأردنية 1969-1979.

– باحث جغرافي واداري 1979-1989 مديرية المساحة العسكرية/ المركز الجغرافي الملكي الأردني.

– معلم الجغرافيا العسكرية في كلية السلطان قابوس العسكرية

● الأعمال المنشورة:

1. موسوعة دولة العالم 1990.
2. دول وعواصم العالم : أسماؤها الرسمية ومعانيها الطبعة الاولى1990، والثانية 1996.
3. أعلام دول العالم الطبعة الأولى 1994، وطبعة محدثة وموسعة 2006.
4. معجم المختصرات والرموز 1995.
5. جغرافيا للجميع 1996.
6. معجم المختصرات العسكرية 2004.
7. ألفاظ في العسكرية الاسلامية 2005.
8. معجم مصطلحات الجغرافيا العسكرية والسياسية 2005.
9. أسماء ومعان جغرافية 2005.
10. نابلس.. أسامي ومعاني وأغاني 2006.
11. عشرات من المقالات في الجغرافيا العسكرية والسياسية، والثقافة العسكرية العامة في مجلات عسكرية تصدر في الأردن وسلطنة عُمان ودولة الامارات العربية المتحدة والمملكة العربية السعودية.